创意服装设计系列

丛书主编 李 正

服装
结构设计与应用

唐甜甜 龚瑜璋 杨 妍 编著

化学工业出版社
·北京·

内 容 简 介

本书重点讲授了服装结构设计的基本原理以及实际操作范例，特别注重服装结构构成方法的灵活性，能够帮助读者较轻松地掌握服装结构设计的基本内容。为了使书中服装的结构设计更具有合理性、实施性和可操作性，对每个纸样图例都进行了反复的研究、设计、绘制。本书在男装、女装和童装纸样研究上做了较全面、科学的实践与探讨，力求理论联系实际，注重内容的系统性、连续性、完整性、规范性。

本书可作为服装院校的教学用书，亦可供服装设计、技术、工艺和产品开发人士及广大服饰爱好者阅读参考。

图书在版编目 (CIP) 数据

服装结构设计与应用 / 唐甜甜，龚瑜璋，杨妍编著 .— 北京：化学工业出版社，2021.4

（创意服装设计系列 / 李正主编）

ISBN 978-7-122-38461-4

Ⅰ . ①服… Ⅱ . ①唐… ②龚… ③杨… Ⅲ . ①服装结构 - 结构设计 Ⅳ . ① TS941.2

中国版本图书馆 CIP 数据核字（2021）第 026051 号

责任编辑：徐 娟　　文字编辑：谢蓉蓉　　装帧设计：中图智业
责任校对：宋 夏　　封面设计：刘丽华

出版发行：化学工业出版社（北京市东城区青年湖南街 13 号　邮政编码 100011）
印　　装：北京瑞禾彩色印刷有限公司
787mm×1092mm　1/16　印张 11　字数 225 千字　2021 年 9 月北京第 1 版第 1 次印刷

购书咨询：010-64518888　　售后服务：010-64518899
网　　址：http：//www.cip.com.cn
凡购买本书，如有缺损质量问题，本社销售中心负责调换。

定　　价：68.00 元

序

常态下人们的所有行为都是在接收了大脑的某种指令信号后做出的一种行动反应。人们先有意识而后才有某种行为，自己的行为与自己的意识一般都是匹配的，也就是二者之间总是具有某种一致性的，或者说人们的行为是受意识支配的。我们所说的意识支配行为又叫理论指导实践，是指常态下人们有意识的各种活动。艺术设计思维是艺术设计与创作活动中最重要的条件之一，也是艺术设计层次的首要因素，所以说“思维决定高度，高度提升思维”。

“需求层次论”告诉我们一个基本的道理：社会中的人类繁杂多样各不相同，受文化、民族、宗教、地缘气候与习性等因素的影响，无论是从人的心理方面研究还是从人的生理方面研究，人们的客观需求与主观需求都有很大的差异。所以亚伯拉罕・马斯洛提出人们有生理需求、安全需求、社交需求、尊重需求、自我实现需求五个不同层次的需求。尽管人们对需求层次论有各种争议，但是人类的需求层次存在差异性应该是没有异议的，这里我想说明艺术设计思维也是具有层次差异性的，每一位艺术设计师必须牢牢记住这个基本的问题。

基于提升艺术设计思维的层次，我们的团队在一年前就积极主动联系了化学工业出版社，共同探讨了出版事宜，在此特别感谢化学工业出版社给予本团队的大力支持与帮助。2017 年我们组织了一批具有较高成果显示度的专业设计师、研究设计理论的学者、艺术设计高校教师等近 20 人开始计划、编撰创意服装设计系列丛书。

杨妍老师是本团队的骨干，具体负责本系列丛书的出版联络等事项。杨妍老师认真负责，做事严谨，在工作中表现得非常优秀。她刻苦自律，参与编著了《服装立体裁剪与设计》《服装结构设计与应用》，本系列丛书能顺利出版在此要特别感谢杨妍老师。

作为本系列丛书的主编，我深知责任重大，所以我也直接参与了每本书的编写。在编写中我多次召集所有作者召开书稿推进会，一次次检查每本书稿，提出各种具体问题与修改方案，指导每位作者认真编写、完善书稿。

本次共计出版 7 本图书，分别是：岳满、陈丁丁、李正的《服装款式创意设计》；陈丁丁、岳满、李正的《服装面料基础与再造》；徐慕华、陈颖、李潇鹏的《职业装设计与案例精析》；杨妍、唐甜甜、吴艳的《服装立体裁剪与设计》；唐甜甜、龚瑜璋、杨妍的《服装结构设计与应用》；吴艳、杨予、李潇鹏的《时装画技法入门与提高》；王胜伟、程钰、孙路苹的《服装缝制工艺基础》。

本系列丛书在编写工作中还得到了王巧老师、王小萌老师、张婕设计师、张鸣艳老师以及徐倩蓝、韩可欣、于舒凡、曲艺彬等同学的大力支持与帮助。她们都做了很多具体的工作，包括收集资料、联系出版、提供专业论文等，在此表示感谢。

尽管在编写书稿的过程中我们非常认真努力，多次修正校稿再改进，但本系列丛书中也一定还存在不足之处，敬请广大读者提出宝贵的意见，便于我们再版时进一步改进。

苏州大学艺术学院教授、博导　李正

2020 年 8 月 8 日　于苏州大学艺术学院

前　言

爱美之心人皆有之，现代人重视着装的美感与服装的合体性，这是很健康的心理。高水准的服装结构设计可以很好地完成服装技术性美感的表达。服装结构设计对于服装成品的结构美感以及穿着者的舒适度都有着决定性的作用。

服装结构设计是服装生产中一个极为重要的技术环节。服装产品之所以能够在市场上赢得消费者的青睐，服装结构的合理性与服装造型的美观性起到了不可忽视的作用。所以，服装结构设计是服装设计与生产中的核心环节之一。服装结构设计是逻辑性和数据性并重的技术课题，是指服装设计师运用专业手段，遵照服装造型设计的要求将服装裁片进行技术分解，用公式与技术数据塑造成符合排料、裁剪与其他生产程序所需的服装裁片。服装结构设计水准直接关系着服装成品的装饰性、功能性与商品性。

本书对结构设计的变化原理以及结构的数据比例关系进行了较翔实的讲解，还特别介绍了服装结构构成方法的灵活性，不拘泥于一种方法，使读者能够较轻松愉快地掌握该书的基本内容。本书在编写过程中特别强调了服装结构设计的综合性、全面性和启发性，重点突出、简明扼要，力求做到理论联系实际，注重内容的系统性、连续性、完整性、规范性。

本书由唐甜甜、杨妍、龚瑜璋编著，其中龚瑜璋主要负责本书的资料搜集与款式图绘制的内容；杨妍主要负责本书的推板技术与技术文件内容；唐甜甜主要负责本书的主题内容编撰与服装结构设计制图说明的内容。全书由李正教授负责统稿。在本书编著过程中得到了苏州大学文正学院部分教师的大力支持，特别是蒋孝锋老师在多方面给予了不少启发，在此特别表示感谢。同时，在本书的编著过程中还得到了苏州圣戈迪尔服饰有限公司的大力支持，吴艳、王胜伟、宋柳叶、严烨晖在提供资料与素材方面做了大量的具体工作，在此一并表示感谢。

由于编著者水平有限，本书中难免存在不足之处，诚请专家读者批评指正，以便再版时加以修正。

唐甜甜

2020 年 3 月

目　录

目 录

目 录

第一章
绪　论

服装结构设计是一门从造型艺术角度探讨人体结构与服装款式关系的学科，是高等院校服装专业的必修课之一。该学科主要研究服装立体形态与平面展开图之间的对应关系、服装装饰性与功能性的优化组合以及结构的分解和构成规律。

服装结构设计与款式设计、工艺设计三者的有机联系共同组成了现代服装工程。服装结构设计既是实现服装款式设计思想的重要步骤，也是从服装款式设计到服装生产加工工艺的中间环节，更是从立体到平面再从平面到立体转变的关键所在。可以说，服装结构设计不仅是服装款式设计的延伸和发展，而且是服装工艺设计的准备基础。

学习服装结构设计的宗旨在于使学习者能够系统地掌握服装结构的内涵，包括整体与部件结构的解析方法、整体结构的平衡、平面与立体结构的各种设计基本方法，使学习者通过上述理论教学和动手能力的训练，培养出从款式造型到服装结构设计的能力。服装结构设计在整个服装设计环节中起着极其重要的作用，因此，掌握服装结构设计知识是服装设计师必须具备的专业素质之一。

第一节　服装结构设计概述

随着我国社会的进步和经济的快速发展，人们的生活水平得到了提高，在追求物质生活的过程中更加注重对精神世界的追求，特别是在服装选择上有了很大的变化。人们对服装的追求，从传统的实用性和功能性向时尚性和个性化转变，于是服装的结构设计越来越受到人们的重视。

服装设计可以通过变换服装结构达到改变服装款式与造型风格的目的。服装结构设计亦可改善服装造型与人体形态之间的关系，从而使得着装者的整体形象更加和谐、美观。服装结构设计与服装造型的最终效果及服装加工缝制环节密切相关。因此，把握好服装结构设计在整个设计生产过程中起着至关重要的作用。

一、服装结构设计的性质

服装结构总的概括了服装各部位的组合关系，展开来说包括服装的整体与局部的组合关系、服装各部位外部轮廓线之间的组合关系、部位内部的结构线以及各层服装材料之间的组合关系。服装结构是由服装的造型和功能决定的。

服装结构设计的主要研究目标是解决服装结构的内涵以及服装各部件的相互组合关系，包括服装装饰与功能性的设计、分解与构成的规律、分解与构成方法等的学科单元。服装结构设计的理论和实践是服装设计的重要组成部分，其知识结构涉及人体解剖学、人体测量学、人体工程学、服装卫生学、服装设计学、服装生产工艺学、美学和数学等。所以我们说，服装结构设计是艺术和科技相互融合、理论和实践密切结合的实践性较强的学科。

服装结构设计在整个服装设计制作中起着承上启下的作用，是介于服装款式设计与服装工艺设计之间的衔接学科，其内容既有服装设计学也有服装工艺学。所以，服装结构设计是一门独立的专业学科。

现代服装工程一般由款式造型设计、结构设计、工艺制作三部分组成。结构设计作为服装工程的重要组成部分，既是款式设计的延伸和发展，又是工艺设计的准备和基础。一方面结构设计将造型设计所确定的立体形态和细部造型分解为平面衣片，确定出服装局部的形状与数量的吻合关系、整体与局部的组合关系，修正造型设计图中不可分解的部分，改正服装造型中费工费时的不合理的结构关系，以及服装内型与人体的协调关系，从而使服装造型更加科学与合理。另一方面，结构设计又为服装加工生产环节提供了成套、规格齐全、结构合理的系列样板，为部件的吻合和各层材料的形态匹配提供了必要的参考，不仅有利于高产优质地制作出能充分体现设计风格的服装，也有利于劳动密集型服装产业的批量化加工生产。

二、学习服装结构设计的目的与任务

任务一：了解人体体型特征是学习服装结构设计的基础。服装是指人体着装后的一种形态，服装内在结构的根本在于要设计出符合人体造型需要的服装，包括人体在静态或动态的不同情况下对服装结构的要求等，所以要学习服装结构设计还必须学习和研究人体工学。本书第二章将着重讲解人体体型学、人体曲面知识与人体体表特征的相关知识，包括人体与服装点、线、面的关系，性别、年龄、体型差异与服装结构的关系。通过对动态人体的研究与人体曲面的了解，正确设计出符合人体体型的结构线与各部位的省道，并且掌握省道的转换原型。

任务二：学习服装结构设计必须通过一定数量的实践才能深入理解和牢固掌握。服装结构设计属于实践性很强的学科单元，所以在学习的时候要多加强实践环节的训练，以提高实际操作能力，如要多画结构图以及多练习结构命题方式的制图设计。服装结构命题设计多种多样，可以是套装的结构设计、单件的结构设计、内衣的结构设计、正统西装的结构设计、根据多种效果图进行的设计等。因此，只注重结构理论的学习是学不好服装结构设计的。

任务三：学习服装结构设计要系统地掌握服装结构的内涵，包括整体与部件结构的解析方法、相关结构线的吻合、整体结构的平衡、平面与立体构成的各种设计方法、工业用系列样板的制定等基本方法，以此培养出从款式造型到纸样的服装结构设计能力。

此外，学好服装结构设计还需要熟知人体体表特征，掌握人体与服装点、线、面的关系，性别、年龄、体型差异与服装结构的关系，成衣规格的制定方法和表达形式，号型的制定和表达形式等。

三、基本概念与术语

近年来我国服装教育发展迅猛，各类别、各层次的服装设计专业如雨后春笋般在全国各地纷纷建立起来。从 20 世纪 80 年代初由中央工艺美术学院（现清华大学美术学院）、苏州丝绸工学院（现苏州大学艺术学院）两院校率先创办了服装设计专业以来（中央工艺美术学院 1982 年招收了第一届服装本科生、苏州丝绸工学院 1983 年招收了第一届服装设计本科生），原纺织工业部和原轻工业部下属的其他有关院校也相继创办了服装设计、服装工程等专业。今天我国的高校中有服装类专业的院校已经相当多了，但是针对服装理论的研究还是比较薄弱的，需要进一步提高。

我国的服装教育体系正逐步走向国际化、成熟化，在学习服装结构相关理论知识时需要其相关概念进行确认和统一。由于服装概念的混乱会给服装语言交流带来不便，同时给服装学科的研究、服装理论的提高等带来很大的障碍，所以有必要对服装的一些基本概念进行明确的阐述。

（一）服装的概念

1. 衣服

衣服是指包裹人体的衣物，一般不包括冠帽及鞋履等物。英文一般为：clothes；clothing。

2. 衣裳

衣裳可以从两个方面理解：一方面是指上体和下体衣装的总和，《说文》称“衣，依也，上曰衣，下曰裳”；另一方面是指按照一般地方惯例所制作的服装，例如民族衣裳、古代新娘衣裳、舞台衣裳等，也特指能代表民族、时代、地方、仪典、演技等的服装。英文一般为：costume；clothing；clothes。

3. 衣料

衣料是指制作服装所用的材料。英文一般为：clothing materials。

4. 服饰

服饰是指服装及装饰品（apparel and ornament）的总称。

5. 被服

被服是指所有包裹覆盖人体的衣物，包括头上戴的、脚上穿的和手中拿的等。过去一般的军队后勤生活保障工厂被称为被服军工厂，被服军工厂生产的被褥、军服套装、茶缸水壶等都属于被服的范畴。

6. 成衣

成衣是指近代出现的按标准号型成批量生产的成品服装，这是相对于在裁缝店里定做的服装和自己家里制作的服装而出现的一个概念。现在在服装商店及各种商场内购买的服装一般都是成衣。英文一般为：ready-to-wear；ready-made clothes。

7. 服装

服装可以从两个方面理解。

一方面，服装等同于衣服、成衣。现在用“成衣”来替换“服装”更为确切。但“服装”一词使用很广泛，在很多人的头脑中，“服装”是“衣服”的同一名词。

另一方面，服装是指人体着装后的一种状态。如服装美、服装设计、服装表演等，就是指包括人本身在内的一种状态的美、综合的美。

衣服美只是一种物的美，而服装美则包含穿着者本身这个重要的因素，是指穿着者与衣服之间、与周围的环境之间在精神上的交流与统一，是这种协调的统一体所表现出来的状态美。因此，同样的一件衣服，不同的人穿着就会有不同的效果，有的人穿着美丽得体，有的人穿着效果就很差。

英文一般为：garments；apparel；clothing。

8. 时装

时装可以理解为时尚的、时髦的、富有时代感的服装，它是相对于历史服装和已定型于生活当中的衣服形式而言的。现在人们为了赶时髦，或出于经济上的目的，把原来的服装店、服装厂、服装公司都改为了时装店、时装厂、时装公司。如果说这些词汇、概念随着时代的变迁也有流行的话，那么，“衣裳”“衣服”就是一种比较陈旧的术语。“服装”是中华人民共和国成立后开始普遍使用的术语，“时装”则是现代比较流行的时髦术语，其包含以下三个不同的概念：mode；fashion；style。

mode，源自拉丁语 Modus，是方法、样式的意思。与黄花 mode 相似的词还有 vogue。这个词也有尝试的意思，在某种程度上，它是指那些比 mode 还要领先的最新倾向的作品。

fashion，一般翻译为“流行”，指时髦的样式。它还包含物的外形，上流社会风行一时的事物、人物、名流等意思。作为服饰用语，fashion 与 mode 相对是指大批量投产、出售的成衣或其流行的状态。

style 一词源于拉丁语 stilus，是指古人在蜡板上写字用的由金属或骨头制作的笔。style 的含义有书体、语调等意，作为文学用语，最初用来指作家的文体、文风等，后来又逐渐演变为表现绘画、音乐、戏剧等艺术上的表现形式的用语，随后又涉及建筑、服装、室内装饰、工艺等一切文化领域，被释为“样式”“式样”。另外，它还被用来表示人物的姿态、风度、造型等。

9. 制服

制服是指具有标志性的特定服装，如宾馆饭店员工的服装、工厂企业员工的工作服、学生服、军服警服等。

（二）与服装相关的名词解释

1. 服装结构

服装结构是指服装各部位的组合关系，包括服装的整体与局部的组合关系、各部位外部轮廓线之间的组合关系、部位内部的结构线以及各层服装材料之间的组合关系。服装结构由服装的造型和功能决定。

2. 服装结构制图

服装结构制图是指对服装结构进行分析计算，在纸张上绘制出服装结构线的过程。结构制图的比例可根据结构制图的目的灵活确定。

3. 服装结构线

服装结构线是指能引起服装造型变化的服装部件、外部和内部需要缝合的线的总称。

4. 服装装饰线

服装装饰线是指服装上以装饰为目的的各种线型。

5. 轮廓线

轮廓线是指构成服装部件或成型服装的外部造型的线条。

6. 服装推板

现代服装工业化大生产要求同一种款式的服装有多种规格，以满足不同体型消费者的需求。

这就要求服装企业按照国家或国际技术标准制订产品的规格系列，全套的或部分的裁剪样板。这种以标准母板为基准，兼顾各个号型，进行科学的计算、缩放，制订出系列号型样板的方法叫作规格系列推板，即服装推板，简称推板。

在制订工业样板与推板时，规格设计中的数值分配一定要合理，要符合专业要求和标准，否则无法制订出合理的样板，也同样无法推出合理的板型。

7. 板

板是样板的简称，就是为制作样衣而制订的结构板型，广义上是指为制作服装而剪裁好的结构设计纸样。样板又分为净样板和毛样板，净样板就是不包括缝份的样板，毛样板就是包括缝份和其他小裁片在内的全套样板。

8. 母板

母板是指推板所用的标准样板，是根据款式要求设计制作的正确的、剪好的结构设计纸板。所有的推板规格都要以母板为标准进行规范缩放。不进行推板的标准板不能叫母板，只能叫样板。

9. 样

样一般指样衣，就是依照某个款式而制作的第一件或包含新内容的成品服装。样衣的制作与确认是批量生产前的必要环节。

10. 打样

打样又叫封样，就是缝制样衣的过程。

11. 传样

传样是指成衣工厂为保证大货（较大批量）生产的顺利进行，在大批量投产前，按正常流水工序先制作少量的服装成品（20～100 件不等）。其目的是检验大货的可操作性，包括工厂设备的合理使用、技术操作水平、布料和辅料的性能和处理方法、制作工艺的难易程度等。

12. 驳样

驳样是指“拷贝”某服装款式。例如:（1）买一件服装，然后以该款式为标准进行纸样模仿设计和实际制作出酷似该款式服装的成品;（2）从服装书刊上确定一款服装，然后以该款式为标准进行纸样模仿设计和实际制作出酷似该款式服装的成品。

13. 整体推板

整体推板是指对结构内容全部进行缩放，也就是每个部位都要随着号型的变化而缩放。例如，一条裤子整体推板时，所有围度、长度以及口袋、省道等都要进行相应的推板。本书所讲的推板主要指整体推板。

14. 局部推板

局部推板是相对于整体推板而言的，是指某一款式服装在推板时只推某些部位，而不进行全方位缩放的一种方法。例如，女式牛仔裤推板时，同一款式的腰围、臀围、腿围相同而只有长度不同，那么该款式就是进行了局部推板。

（三）服装专用术语

服装专用术语是服装行业中不可缺少的专业语言，服装的每一裁片、部件、画线等都有自己的名称。目前我国各地服装界使用的服装用语大致有三种来源：第一种是民间服装界的一些俗称，如领子、袖头、劈势、翘势等；第二种是外来语，主要是来自英语和日语的音译，如克夫、塔克、育克等；第三种是其他工程技术用语的移植，如轮廓线、结构线、结构图等。

（1）搭门：也叫叠门，是指上衣前身开襟处两片叠在一起的部分。钉纽扣的一边称为里襟，另一边称为门襟。

（2）劈胸：是指上衣前片领口处搭门需要撇去的多余量的部分。

（3）劈势：是指裁剪线与基本线的距离，也就是将多余的边角劈去掉。

（4）翘势：也叫起翘，是指服装的裁片底边、袖口、袖窿、裤腰等与基本线（指横的纬纱方向）的距离。

（5）止口：是指上衣前身叠门的外边线。

（6）挂面：又叫过面，是指服装叠门的反面有一层比叠门宽的贴边。

（7）覆肩：也叫过肩，是指覆在男式衬衫（或其他服装款式）肩上的双层布料。

（8）缝份：也叫作份、缝头，是指布边线与缝制线之间的距离。

（9）驳头：是指衣身上随领子一起向外翻折的部位。

（10）驳口：是指驳头里侧与衣领翻折部位的总称。

（11）摆缝：是指缝合前后衣身的缝子。

（12）省道：为适合人体的需要或服装造型的需要，在服装的裁片上有规则地将一部分衣料（省去）缝去，然后做出衣片的曲面状态，被缝去的部分就是服装省道。

（13）裥：是为适合体型及服装造型的需要而将一部分衣料缝制或折叠熨烫而成的，它由裥面和裥底组成。按折叠方式的不同可以分为：左右相对折叠、两边呈活口状态的阴裥；左右相对折叠、中间呈活口状态的阳裥；向同一方向折叠的为顺裥。

（14）褶：是为适合人体的需要或服装造型的需要，在服装的裁片上将部分衣料缝缩而成的褶皱。

（15）衩：为了服装的穿脱行走方便或造型需要而设置的一种开口形式。位于不同的部位有不同的名称，如位于袖口部位的开衩称为袖开衩。

（16）塔克：也叫打条，是指服装上有规则的装饰褶子，为了将衣料折成连口而缉的细缝。它来源于英文 tuck 的音译。

（17）开刀：也叫分割，是指将面料裁剪开后又并拢。常见的有丁字分割、弧线分割、直线分割等。

（18）克夫：是指沿袖口处的外镶边，是外来语音译。

（19）窝势：是指服装裁片上结构线朝里弯曲的走势。

（20）爬领：是指外领没有盖住领脚的现象。

（21）平驳领：是指一般的西装领，领角一般小于驳角。

（22）戗驳领：是西装领的一种，驳领上翘，驳角与领角基本上是并拢的。

（23）对刀：是指眼刀记号与眼刀相对，或者眼刀与缝子相对。

（24）浪线：是指裤子的裆弧线。裤子前片的裆弧线叫前浪线，后片的裆弧线叫后浪线。一般后浪线较长，而前浪线则比后浪线略短。

（25）育克：是指前衣片胸部拼接的部分，是外来语音译。

（26）复司：是指后衣片背部拼接的部分，是外来语音译。有时育克和复司也通用。

（27）登闩：也叫登边，是指夹克下边的沿边镶边。

（四）服装结构制图术语

1. 上衣部位及线条名称图解

图 1-1 是上衣部位及线条名称图示。

2. 裤子部位及线条名称图解

图 1-2 是裤子部位及线条名称图示。

3. 服装其他部位名称图解

图 1-3 是服装其他部位名称图示。

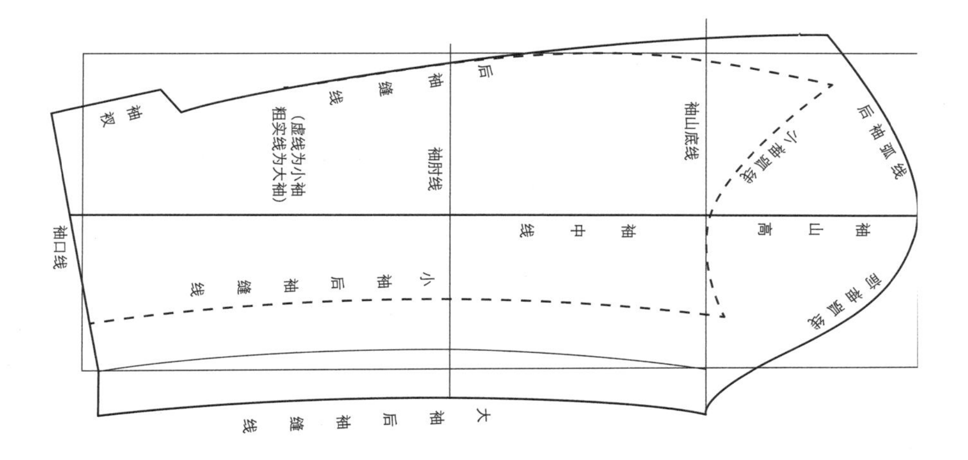

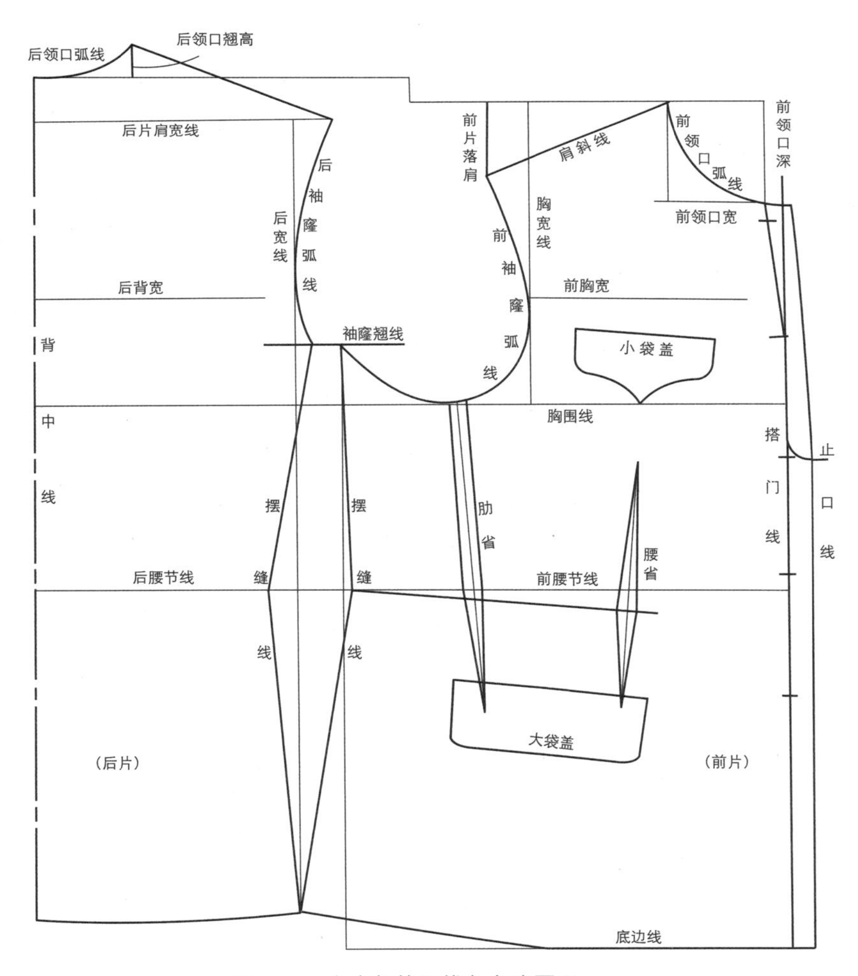

图 1-1　上衣部位及线条名称图示

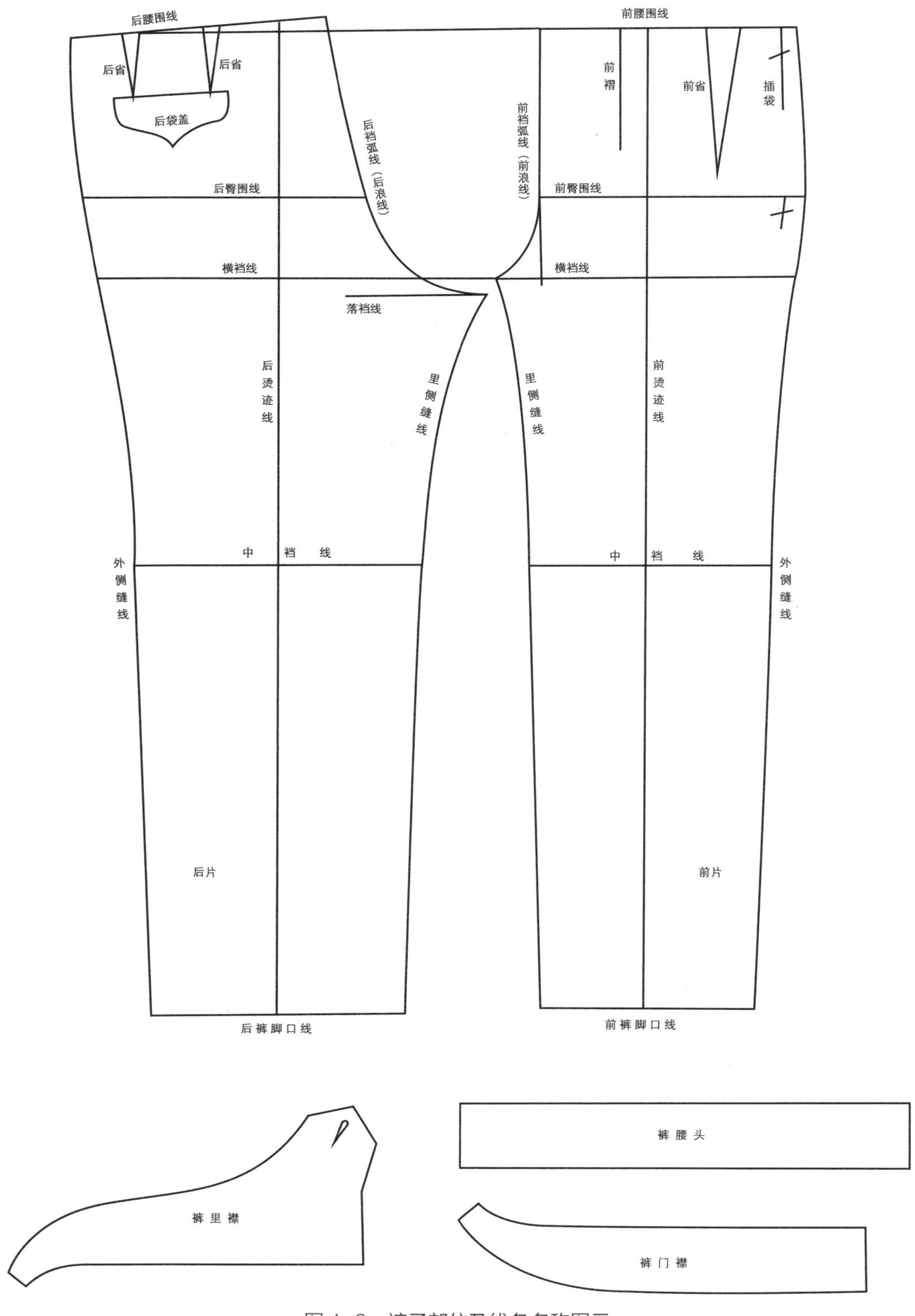

图 1-2 裤子部位及线条名称图示

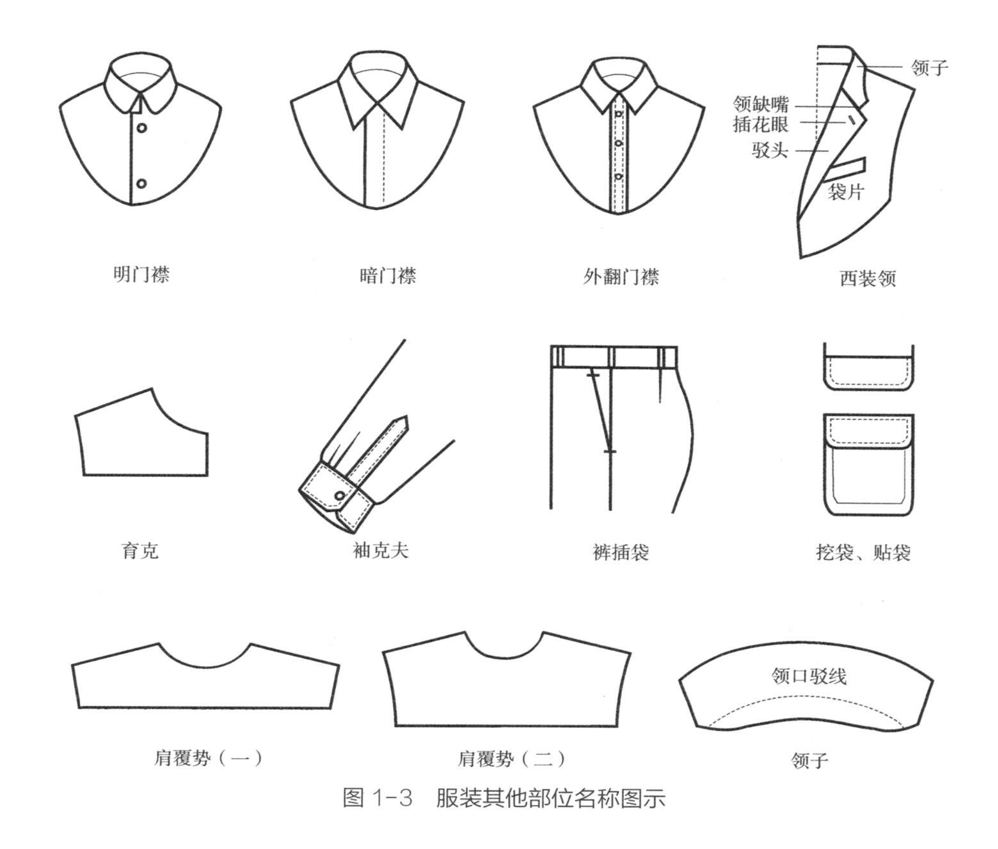

图 1-3　服装其他部位名称图示

第二节　服装制图规则、符号与工具

服装制图是传达设计意图、沟通设计与工艺制作的技术语言，是组织和指导服装生产的技术文件之一。服装制图将款式造型设计图或实物样品按照一定的规格尺寸要求进行平面结构分割设计，是用各种线型绘制出的结构平面展开图。结构制图是服装制图的组成部分，是一种对标准样板的制定以及推板、排料、裁剪、缝制起指导作用的技术语言。结构制图的规则和符号都有严格的规定，以保证制图格式的统一、规范。

一、制图常识

（一）服装制图规则

结构制图的程序是：先画衣身，后画部件；先画大衣片，后画小衣片；先画前衣片，后画后衣片。

衣片的制图程序是：先画基础线，后画轮廓线和内部结构线。在画基础线时，一般是先横后纵，即先定长度，后定宽度，由上至下、由左至右进行。画好基础线后，根据轮廓线的绘制要求，在有关部位标出若干工艺点，最后用直线、曲线和光滑的弧线准确地连接各部位定点和工艺点，画出轮廓线。

进行服装结构制图时，尺寸一般使用的是服装成品规格，即各主要部位的实际尺寸。但用原型制图时，必须知道穿衣者的胸围、臀围、袖长、裙长等重要部位的净尺寸，图样中不包括缝份和贴边。按图形剪切样板和衣片时，必须另加缝份和贴边的宽度。

为方便制图和读图，制图时对各种图线有严格的规定：常用的有粗实线、细实线、虚线粗（细）、点划线、双点划线五种。各种制图用线的形状、作用都不同，各自代表约定俗成的含义。

结构制图根据使用场合，需要做毛缝制图、净缝制图、放大制图、缩小制图等。对缩小制图的规定为：必须在重要部位的尺寸线之间，用注寸线和尺寸表达式或实际尺寸来表达该部位的尺寸。尺寸表达式使用注寸代号，注寸代号是表示人体各量体部位的符号，国际上以该部位的英文单词第一个字母作为代号，如长度代号为“L”，胸围代号为“B”，腰围代号为“W”，臀围代号为“H”，净胸围代号为“B*”，净腰围代号为“W*”，净臀围代号为“H*”。

毛缝制图是在制图时衣片的外形轮廓线已经包括缝份和贴边在内，剪切衣片和制作样板时不需要另加缝份和贴边。

服装结构制图除衣片的结构图外，有时根据需要还应绘制部件详图和排料图。部件详图的作用是对某些缝制工艺要求较高、结构较复杂的服装部件除画结构制图外，再画详图加以补充说明，以便缝纫加工时进行参考。排料图是记录衣料辅料画样时样板套排的图纸，可使用人工或计算机辅助排料系统进行样板的套排，将其中最合理、最省料的排列图形绘制下来。排料图可采用 10 ：1 的缩比绘制，图中注明衣片排列时的布纹经纬方向、衣料门幅的宽度和用料的长度，必要时还需注明该衣片的名称和成品的尺寸规格。

1. 制图比例

制图比例的分档规定见表 1-1。

表 1-1　制图比例

原值比例	1∶1
缩小比例	1∶2　1∶3　1∶4　1∶5　1∶6　1∶10
放大比例	2∶1　4∶1

在同一结构制图中，各部件应采用相同的比例，并将比例填写在标题栏内；当需采用不同的比例时，必须在每一部件的左上角标明比例，如 M1∶1、M1∶2 等。服装款式图的比例，不受以上规定限制。

2. 图线及画法

裁剪图线形式及用途见表 1-2。

表 1-2 裁剪图线形式及用途 单位：mm

图线名称	图线形式	图线宽度	图线用途
粗实线	——————	0.9	服装和零部件轮廓线；部位轮廓线
细实线	——————	0.3	图样结构的基本线；尺寸和尺寸界线；引出线
虚线（粗）	- - - - - - -	0.9	背面轮廓影示线
虚线（细）	---------------	0.3	缝纫明显
点划线	—·—·—·—	0.9	对折线
双点划线	—··—··—	0.3	折转线

同一图纸中同类图线的粗细应一致。虚线、点划线及双点划线的线段长短和间隔应各自相同。点划线和双点划线的两端应是线段而不是点。服装款式图的形式，不受以上规定限制。

3. 字体

图纸中的文字、数字、字母都必须做到：字体工整，笔画清楚，间隔均匀，排列整齐。字体高度为：1.8mm，2.5mm，3.5mm，5mm，7mm，10mm，14mm，20mm。如需要书写更大的字，其字体高度应按比率递增，字体高度代表字体的号数。

汉字应写成仿宋体字，并应采用中华人民共和国国务院正式公布推行的《汉字简化方案》中规定的简化字。汉字的高度不应小于 3.5mm，其字宽一般为字高的 1.5 倍。

字母和数字可写成斜体和直体。斜体字字头应向右倾斜，与水平基准线成 75°，用作分数、偏差、注脚等的数字及字母，一般应采用小一号字体，如图 1-4 所示。

4. 尺寸标注法

（1）基本规则。服装各部位和零部件的实际大小以图样上所注的尺寸数值为准。图纸中（包括技术要求和其他说明）的尺寸，一律以 cm（厘米）为单位。服装制图部位、部件的每个尺寸一般只标注一次，并应标注在该结构最清晰的图形上。

（2）标注尺寸线的画法。尺寸线用细实线绘制，其两端箭头应指到尺寸界线处，如图 1-5 所示。制图结构线不能代替尺寸标注线，一般也不得与其他图线重合或画在其延长线上，如图 1-6 所示。

（3）标注尺寸线及尺寸数字的位置。标注直距离尺寸时，尺寸数字一般应标注在尺寸线的中间，如图 1-7 所示。如直距位置小，应将轮廓线的一端延长，另一端将对折线引出，在上下箭头的延长线上标注尺寸数字，如图 1-8 所示。

标注横距离的尺寸时，尺寸数字一般应标注在尺寸线的上方中间，如图 1-9 所示。如横距离尺寸位置小，需用细实线引出，在角的一端绘制一条横线，尺寸数字就标注在该横线上，如图 1-10 所示。

尺寸数字线不可被任何图线所通过，当无法避免时，必须将尺寸数字线断开，用弧线表示，尺寸数字就标注在弧线断开的中间位置，如图 1-11 所示。

（4）尺寸界线的画法。尺寸界线用细实线绘制，可以利用轮廓线引出细实线作为尺寸界线。尺寸界线一般应与尺寸线垂直（弧线、三角形和尖形尺寸除外）。

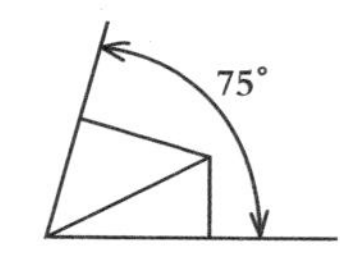

R3 34 0.05 18 ±0.1 180°

数字示例

I II III IV V VI VII VIII IX X　　*1 2 3 4 5 6 7 8 9 0*

字母示例

A B C D E F G H I J K L M N O P Q R S

(a) 斜体

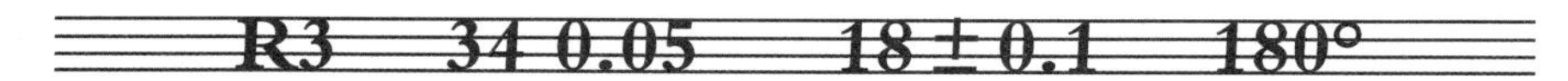

数字示例

I II III IV V VI VII VIII IX X　　1 2 3 4 5 6 7 8 9 0

字母示例

A B C D E F G H I J K L M N O P Q R S

(b) 直体

图 1-4　字体

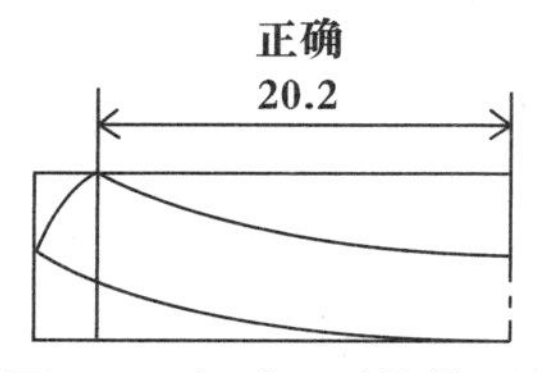

图 1-5　标准尺寸线的画法

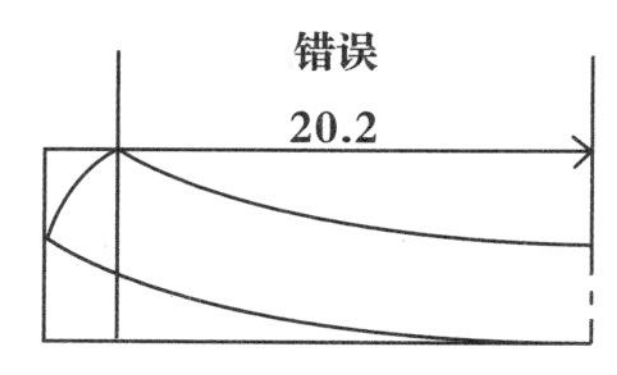

图 1-6　制图结构线

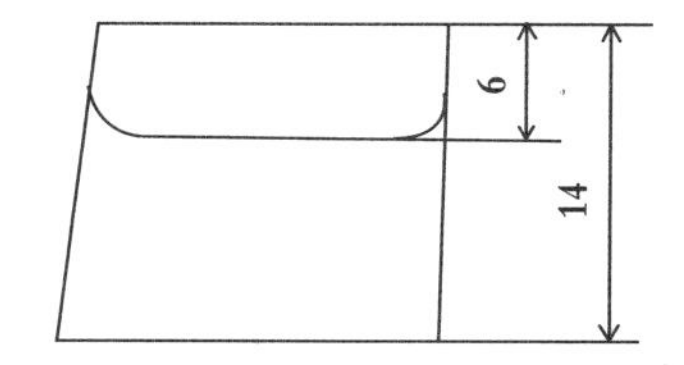

图 1-7　标注尺寸线及尺寸数字的位置

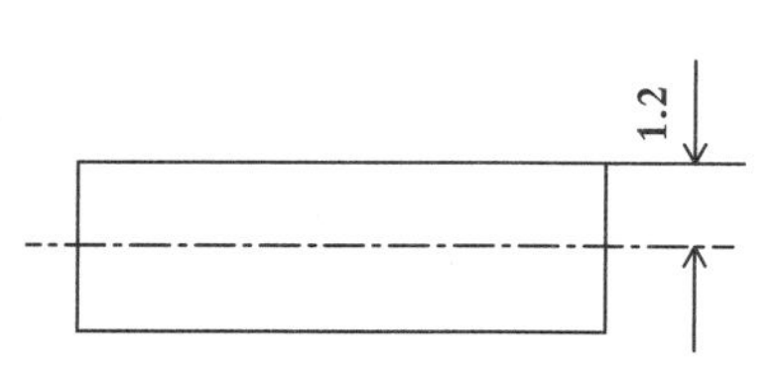

图 1-8　在延长线上标注尺寸数字

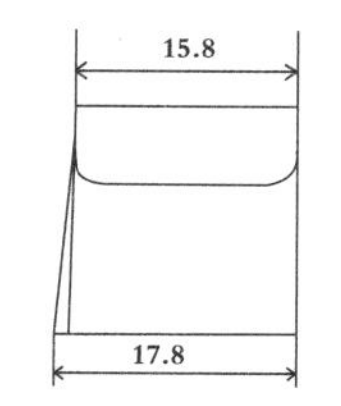

图 1-9　标注横距离的尺寸

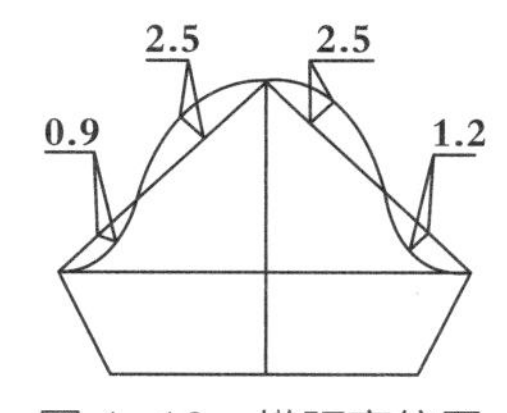

图 1-10　横距离位置小的尺寸数字标注

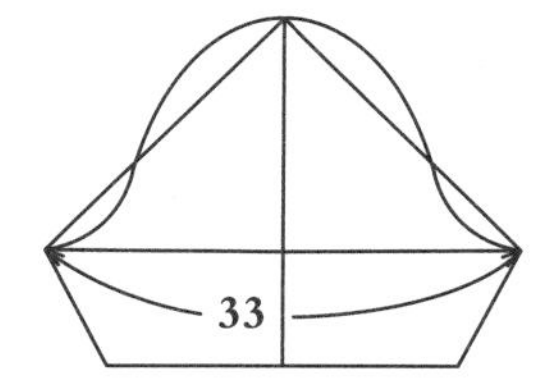

图 1-11　用弧线表示尺寸数字

（二）服装制图的依据

1. 以效果图、实物为依据

服装款式效果图或实物是服装制图的第一依据。在进行服装结构制图之前，首先要了解服装款式效果图或实物的特点、面料的基本性能、人物的性别及年龄等。只有了解了这些，才有可能正确地进行结构设计。

2. 以服装订单内容为依据

规格尺寸是服装制图中的重要依据，具体的规格尺寸可以自己进行测量、记录。做成衣时，还可以按国家颁布的服装号型系列数值进行推算。但是，做客户的订单时，一定要按客户订单上的具体要求制作，不能随意改动，如果确实需要改动，一定要征得客户同意。

3. 以人体体型特征为依据

人体体型是服装制图中最基本的依据。从事服装结构设计一定要了解人体造型的特点，善于观察人体的静态和动态，分析研究人体的数据和动作规律，了解人体的骨骼结构，掌握影响人体体表外壳和引起运动的因素。例如，躯干的第七颈椎点是测量人体高度和颈围的标志；上肢肘点是袖片进行结构设计时要充分考虑的部位；肩胛骨点是在上衣后片制图时要特别考虑的部位。另外，如胸高点、腰围、臀围、腕围、踝骨、臀峰、臀股沟、膝盖、腹峰等部位都与服装制图的各种线有着直接的关系。

（三）服装主要部位的英文代号

表 1-3 是服装主要部位的英文代号。

表 1-3　服装主要部位的英文代号

代号	部位	代号	部位	代号	部位
L	长度	N	领围	EL	肘线
B	胸围	BL	胸围线	BP	胸高点
H	臀围	WL	腰围线	AH	袖窿长
W	腰围	HL	臀围线	FNP	前颈点
S	肩宽	MHL	中臀围线	SNP	颈侧点
C	领大	NL	领围线	BNP	后颈点

（四）服装常用英文词汇

表 1–4 是服装常用英文词汇。

表 1–4　服装常用英文词汇

中文名称	简称	英文名称	中文名称	简称	英文名称
胸围	B	bust	头围	HS	head size
腰围	W	waist	头长	HL	head line
臀围	H	hip	颈围	NS	neck size
中臀围	MH	middle hip	颈点	NP	neck point
胸围线	BL	bust line	前颈点	FNP	front of neck point
腰围线	WL	waist line	颈侧点	SNP	side of neck point
臀围线	HL	hip line	后颈点	BHP	back of neck point
中臀围线	MHL	middle hip line	后领圈	BN	back neck
衣长	L	length	前领圈	FN	front neck
背长	NL	neck-waist length	领围	N	neck
前长	FL	front length	领孔	NH	neck hole
后长	BL	back length	领座	SC	stand collar
前胸宽	FW	front width	领高	NR	neck rid
后背宽	BW	back width	颈长	NL	neck length
乳峰点	BP	bust point	领长	CRL	collar point length
乳宽	PW	point width	领尖宽	CPW	collar point width
乳围	BT	bust top	肩宽	SW	shoulder width
裙腰	W	waist	肩斜度	SS	shoulder slope
裙长	SL	skirt length	肩点	SP	shoulder point
裤腰	W	waist	腋深	AD	axilla depth
裤长	TL	trousers length	前腋深	FD	front depth
裤裆	TR	trousers rise	后腋深	BD	back depth
前裆	FR	front rise	袖长	S	sleeve
后裆	BR	back rise	袖孔	AH	arm hole
股上	BR	body rise	袖山	ST	sleeve top
股下	IL	inside length	袖宽	BC	biceps circumference
内线长	IS	inseam	袖口	CW	cuff width
外线长	OS	out seam	肘长	EL	elbow length
腿围	TS	thigh size	肘围	AS	arm size
膝线	KL	knee line	手头围	FS	fist size
裤口	SB	slack bottom	手掌围	PS	palm size

（五）中外长度单位对照

表 1-5 是中外长度单位对照。

表 1-5 中外长度单位对照

1英码≈0.9143992m	1in≈2.5399998cm	1m=3尺≈39.37英寸
1美码≈0.9144018m	1美寸≈2.5400000cm	1寸≈3.33cm≈1.31in
1m≈1.09361英码	1in≈0.76寸	1in≈0.76寸
1m≈1.0936111美码	1美寸≈0.76寸	1尺≈13.12in

二、制图符号

制图符号是在进行工程制图时，为了使设计的工程图纸标准、规范、便于识别、避免识图差错而统一使用的标记形象。表 1-6 是服装结构制图符号。

表 1-6 服装结构制图符号

序号	符号形式	名称	说明
1		直角	在绘制结构图时用来表示90°
2		细实线	在绘制结构图时用来表示基础线和辅助线
3		粗实线	在绘制结构图时用来表示轮廓线和结构线
4		等分记号	表示线的同等距离，虚线内的直线长度相同
5		点划线	表示裁片连折不可裁开
6		双点划线	表示裁片的折边部位
7		虚线	表示不可视轮廓线或辅助线、缉明线等
8		距离线	表示服装某部位的长度
9		经向符号	表示服装材料织纹纹路的经向
10		顺向符号	表示服装材料表面毛绒是顺向，箭头的指向与毛绒顺向相同
11		正面	表示服装材料的正面
12		反面	表示服装材料的反面

续表

序号	符号形式	名称	说明
13	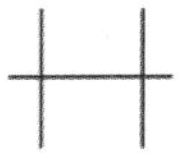	对格	服装的裁片注意对准格子或其他图案的准确连接
14	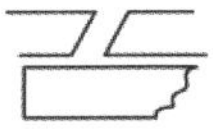	省略	表示省略裁片某部位的标记，多用于长度较长而结构制图安排有困难的部分
15		否定	制图中不正确的地方用此标记
16		缩缝	表示服装裁片的局部需要用缝线抽缩的标记
17		扣眼位	表示服装裁片扣眼的定位
18		交叉线	在制图中表示有共用的部分
19	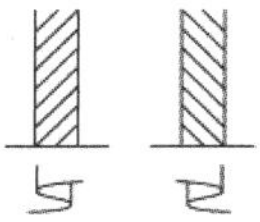	单褶	表示服装裁片需要打褶的部分，单褶又分为左单褶和右单褶
20	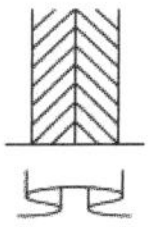	阴对褶	表示服装裁片上需要缝制阴对褶的部分
21	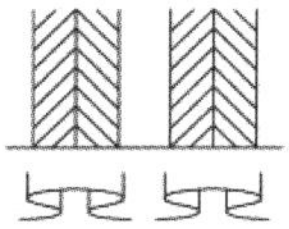	双阴对褶	表示服装裁片上需要缝制双阴对褶的部分
22	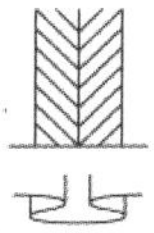	阳对褶	表示服装裁片上需要缝制阳对褶的部分
23	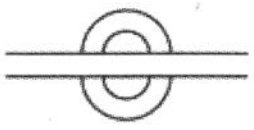	合并	表示服装纸样上或裁片上需要对准拼接的部分
24	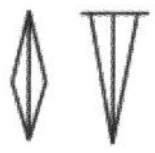	省道	表示服装裁片上需要缝制省道的标记
25	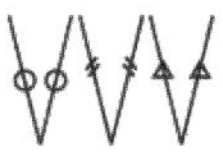	相等	服装制图中表示线的长度相同，同样符号线的长度相等

续表

序号	符号形式	名称	说明
26		罗纹	表示服装裁片上需要缝制罗纹的部位
27		净样	表示服装裁片是净尺寸，不包括缝份
28		毛样	表示服装裁片是毛尺寸，包括缝份在内
29		对条	表示服装裁片注意对准条纹的标记
30		归拢	表示服装裁片某部位需要熨烫归拢的标记
31		拔开	表示服装裁片某部位需要熨烫拔开的标记
32		钻眼	表示服装裁片某部位定位的标记
33		引出线	表示在制图过程中将图中某部位引出图外的标记
34		明线	表示服装裁片某部位需要缉明线的标记
35		纽位	表示服装上钉纽扣的标记

三、制图工具

在服装结构制图的过程中，虽然对制图工具没有严格的统一要求，但是制图皆要求正确和规范。要做到制图正确和规范，就一定要懂得使用哪些专门的工具，并且熟练地掌握它们的性能，否则制图将有一定的困难。

在服装工业化生产过程中，服装制图、服装制版是重要的技术性环节。制图必须严格按照工艺标准和品质标准进行规范设计，否则就会使服装产品严重不合格，给企业造成巨大的损失。所以，我们要重视正确的制图，重视使用各种制图工具，如图 1-12 所示。

（1）工作台。工作台指服装设计者为绘制结构设计制图所需要使用的专用桌子。桌台的大小可根据实际需要而确定，但是一般不能小于一张整开纸的面积。

（2）尺。服装制图时常见的尺有米尺、各种直尺、三角尺、皮尺、丁字尺和曲线尺等。

（3）纸。可以根据制图的用途来灵活地选用所需要的纸张。

（4）其他绘图工具。常见的有圆规、分规、曲线板、鸭嘴笔、绘图专用墨水笔、画粉、绘图铅笔等。

（5）其他工具。如剪刀、花齿剪、擂盘、模型架、锥子等。

图1-12　服装制图工具

第二章
人体体型特征与测量

由于服装穿着目的和穿着要求的不同，其制作方法也有所不同。但是，不论服装的穿着方法如何、制作方法如何，其依托的基础都是人体。服装设计服务于人体，人体在服装设计与制作中起着最为基础和重要的作用，掌握人体造型特征是服装设计师必须具备的专业素质。服装设计是一门造型艺术，这种艺术追求服装与人体的完美结合。在这种完美的结合中，不同的性别有着不同的客观穿着功能要求和主观艺术风格要求。为此我们需要就人体体型，特别是男女体型特征及其差异对服装结构的影响进行分析和研究。

从人体工程学的角度看，服装不仅要符合人体造型的需要，还要符合人体运动规律的需要。因此，评价一套服装的优劣是要在人体穿着上进行检验的。服装既是人的第二皮肤，又是人体的包装。服装应该与人体特征相适应，使人穿着之后感到舒适、实用，同时具有美观的效果，使得人体与服装真正融为一体。当然要做到这一点，最基本的就是掌握大量的人体体型数据资料，以便更好地进行服装设计研究。

第一节　人体构造及体型特征

人在生物学分类中属于脊椎动物，人体的脊椎成垂直状的纵轴，身体左右对称，这是人在形态构造上区别于一般动物的主要特征。

人体的脊椎骨是人体躯干的支柱，连贯头、胸、骨盆三个主要部分，并以肩胛带与骨盆带为纽带，连接上肢和下肢，形成人体的大致构造。所以，人体可以用“一竖、二横、三体积、四肢”来概括。

一竖——人体的脊柱。

二横——肩胛带横线与骨盆带横线。

三体积——头、胸廓、骨盆。

四肢——上肢与下肢。

服装必须依附于人体，人体是服装设计师进行创作的重要依据。人体由头、躯干、四肢组成，其基本结构由骨骼和肌肉等组成。根据服装设计的要求，需要了解人体造型，这也使得我们必须重视对人体构造的学习和研究。

一、人体基础知识

人体由 206 块骨头组成骨骼结构，在这个骨骼外面附着 600 多条肌肉，在肌肉外面包着一层皮肤。骨骼是人体的支架，各骨骼之间又由关节连接起来，构成了人体的支架，不仅起着保护体内重要器官的作用，还能在肌肉伸缩时起到杠杆作用。人体的肌肉组织很复杂，纵横交错，又有重叠部分，种类不一，形状各异，分布于全身。有的肌肉丰满隆起，有的则依骨且薄，分布面积有大有小，体表形状和动态也各不相同。

（一）骨骼

骨骼是形成人体年龄差、性别差及体格、姿势的支柱。仅靠骨骼就能大致推测出合体服装的主要因素。

图 2-1 ~ 图 2-3 所示为服装设计用骨骼体的 3 个方向（前面、侧面、背面）。

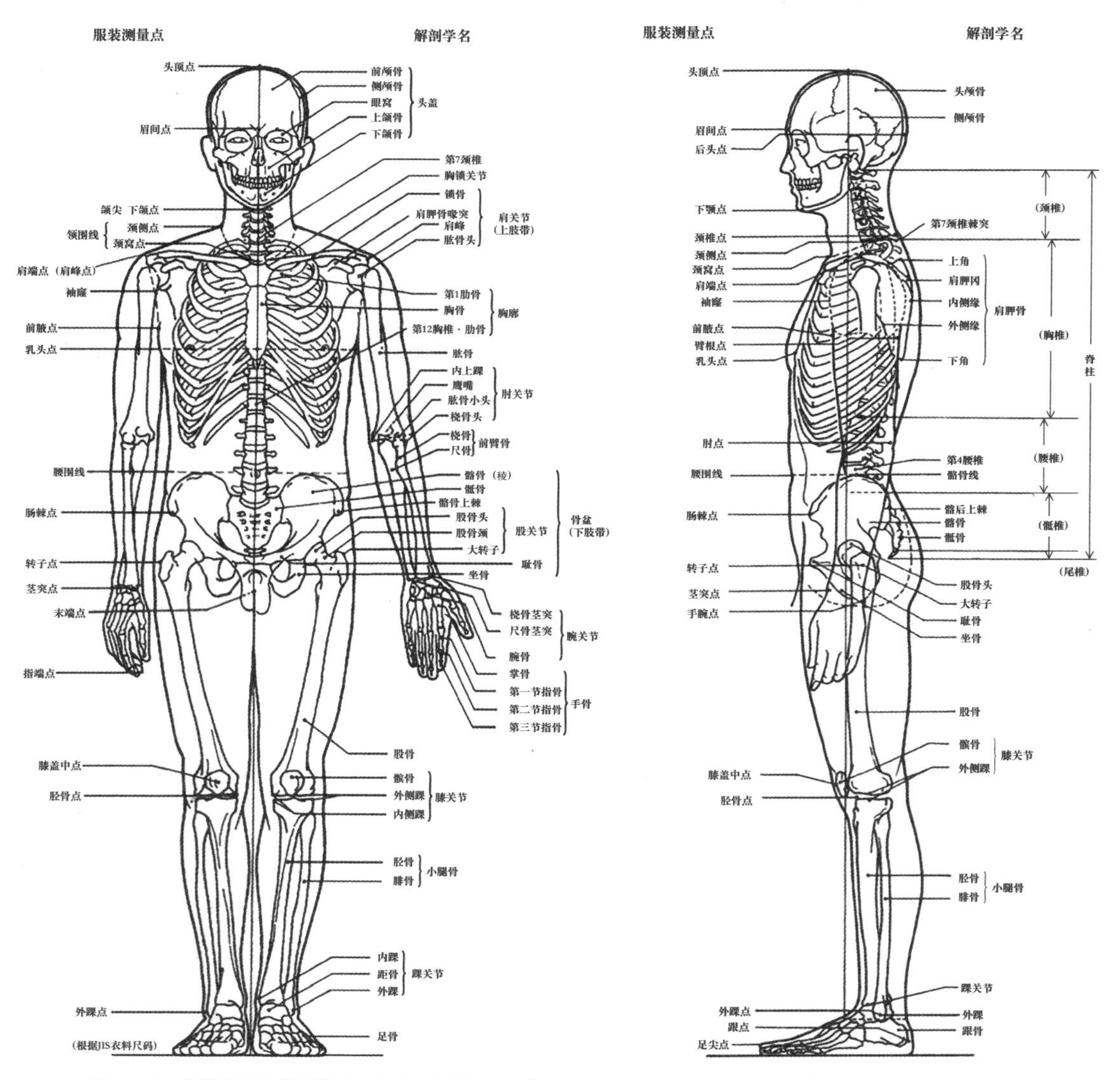

图 2-1　服装设计用骨骼体（成人男性正面）　　图2-2　服装设计用骨骼体（成人男性侧面）

本组图的特点以关节为中心，汇总了解剖学的名称。因为服装设计不仅要适用于静体，同时也必须适用于动体，因此必须特别注意关节的构造。

脊柱对人体的姿势和美观有很大的影响，所以为了帮助理解，专门用线表示了脊柱的范围、部分的曲率以及整体的曲势（图 2-2）。

测量在服装设计中是很重要的，可以说是理论化的开端。多数测量点都以骨骼部位作为标记。图 2-1 和图 2-2 中右侧为解剖学名，左侧为测量点，图 2-3 相反。

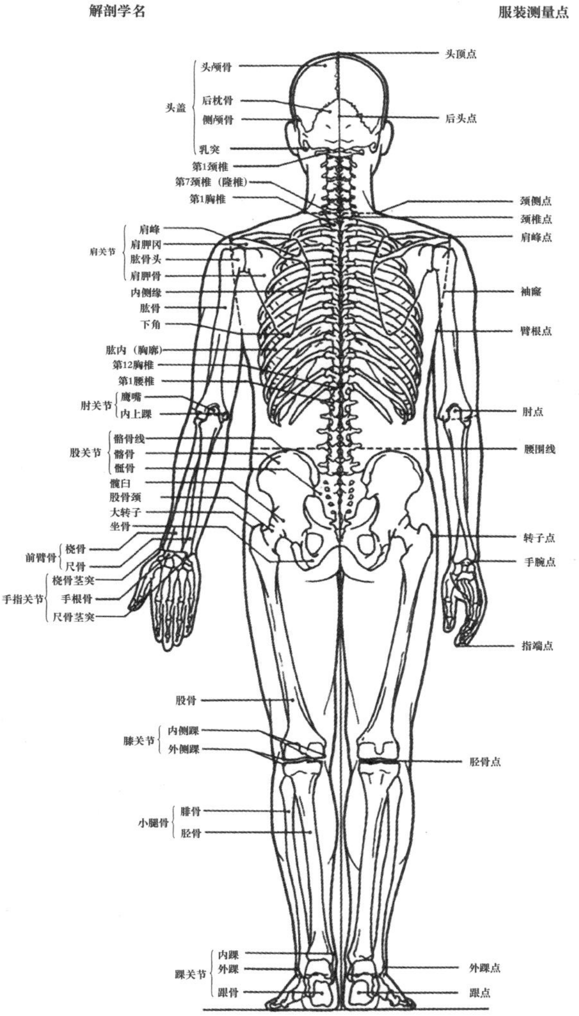

图2-3　服装设计用骨骼体（成人男性背面）

（二）肌肉

骨骼肌与人体的外形密切相关，它附着于骨骼与骨骼之间，是使关节运动的器件。

人体的前屈和后伸运动是背、腹肌群对抗、平衡的结果。服装穿着时的牵引、压迫几乎都是由前屈、后伸运动和上肢、下肢运动所引起的。在进行服装设计时，从四肢的屈侧和伸侧的角度展开将有助于解决这一过程中遇到的问题。

（三）皮下脂肪

皮下脂肪组织分为储藏脂肪和构造脂肪。储藏脂肪遍布全身，组成皮下脂肪层，形成人的外形和性别差。而构造脂肪则与关节的填充脂肪有关。

皮下脂肪层与人体的外形有着密切的关系，它形成了体表的圆顺和柔软，从而产生皮肤的滑移。它是服装结构设计时必须考虑的因素。

二、人体方位与基准

（一）方位

就服装而言，对于复杂的立体的人体，必须确定服装造型所需要的方向和基准，以此作为立体划分和体表平面化的基础。

如图 2-4 所示，把人体置于六面的长方形箱体中，可确定出人体的 6 个方位，即前后面、左右面和上下面。

（二）基准线、基准面、基准轴

确定了人体的方位之后，就可确定如下基准。

由人体前面正中的基准垂直面切开，就得到前中心线、矢状切面、后中心线。

矢状切面在后中心侧包含着表示体型根干的脊柱。它可以最清楚地展示人体的曲势（即沿着体型有韵律的曲势），这是服装背面特征曲线表现的基础。

所有与矢状切面相平行的面称为矢状面。对服装造型有用的矢状面是通过人体的突出部位的矢状面，即通过乳头位置、肩胛位置、大腿、膝部位置、腰臀、腓腹位置的矢状面。

由袖窿线处切下去的臂根切断面，是服装特有的后曲倾斜纵断面。

重心线从左右侧面看过去，是一条通过体表上的头顶、耳垂、颈前部、胴体中间、膝盖下端、足底中点的铅垂线，如图 2-5 和图 2-6 所示。

在重心线位置，设一个面与基准垂直面（矢状切面）垂直相交，称为基准前头面。这两个基准面的垂直相交线为基准轴（重心轴或体轴），它不同于重心线。

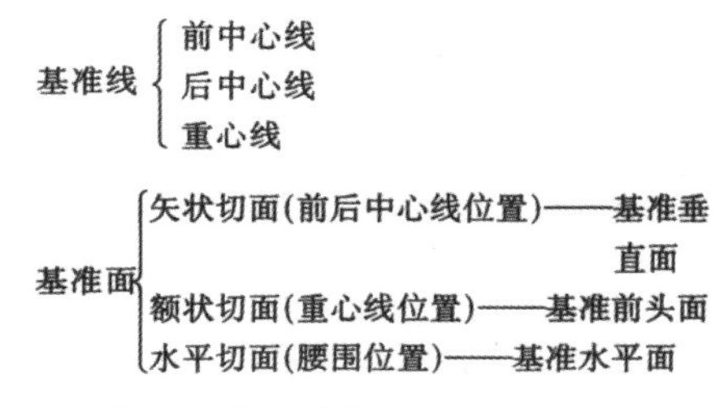

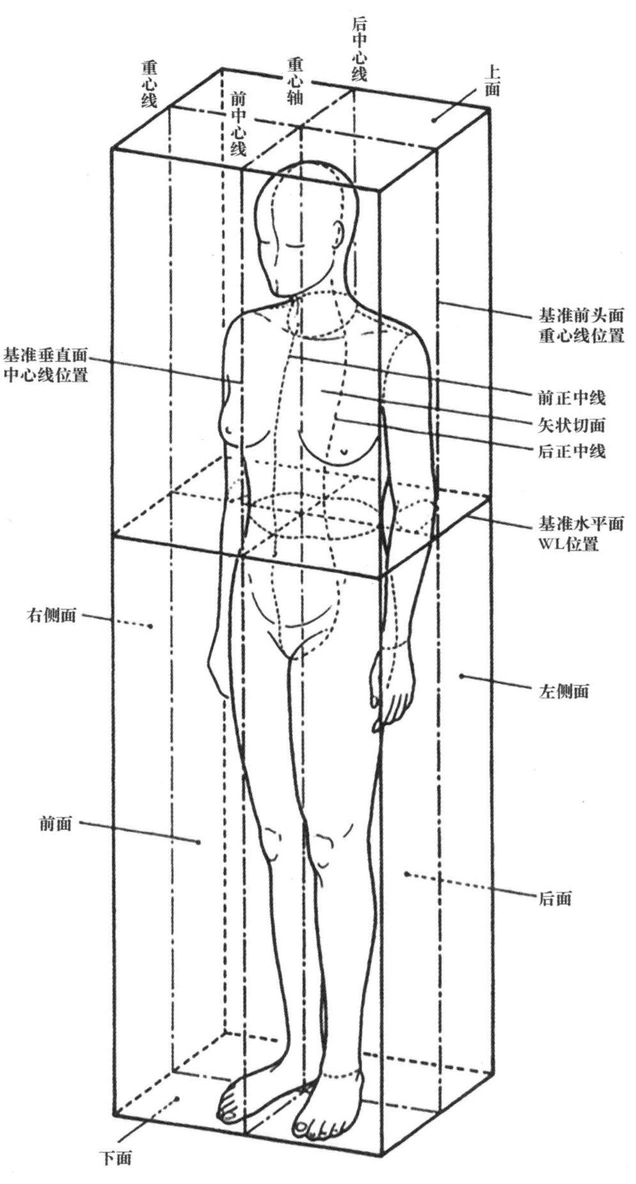

图 2-4 人体的方位和基准线、基准面、基准轴

基准前头面上的轮廓线，在颈部变细、膝下部消失，得不到真正的体型。如图 2-7 所示，通过头顶、颈中间、臂根中间、胴体中间、大腿根、膝幅、脚腕中间，沿着各部分曲势构成的有韵律的曲线剖切，可得到对服装造型有用的轮廓线。这样就很容易比较性别和体型的差异，进行服装设计时需要考虑的部位也一目了然。

基准水平切面设在上、下半身分界的腰围线上。在服装设计中，通过分析与此相平行的水平断面，可了解人体体型水平方向横断面的形态与围度，如胸围断面、臀围断面。

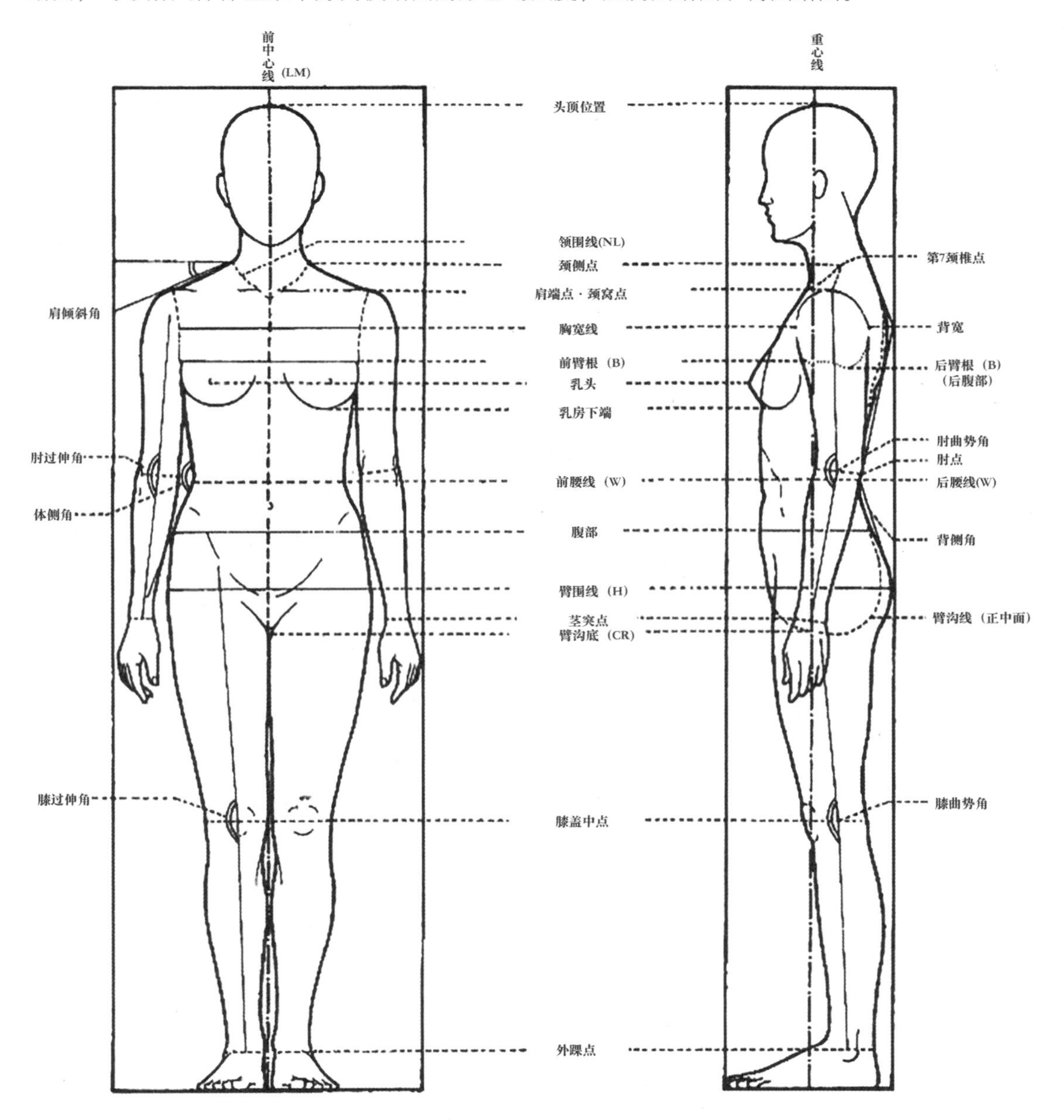

图 2-5　正面方位和服装结构因子

图 2-6　侧面方位和服装结构因子

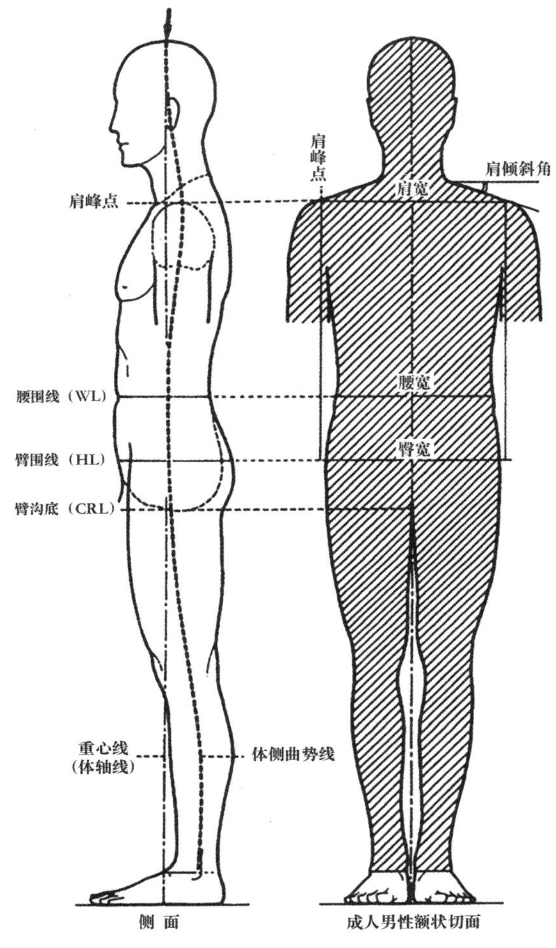

图2-7 额状切面和服装结构

三、人体基本特征

（一）人体体型的对称性

人体以中心线和矢状切面为界，左右大致是对称的。在人体美学中是把这个作为人体左右对称（symmetry）和左右不对称（asymmetry）的美术效果论来处理的。

由于人体左右对称，所以服装结构也基本左右对称。在服装设计中，有时在结构、色彩、花纹或着装方面有意打破对称，用左右不同来表达美的效果。因此，人体的对称不对称问题，可以说与服装结构有着密切的关系。

（二）人体体型的复杂性

人体是人体各部分（躯干、上肢、下肢）的复杂连接体，因此也形成了服装的复杂结构。但也有与此相反，避开人体复杂结构的情况。

（三）人体体型的立体感

立体感是服装的特点之一。要使服装有立体感，设计师必须有对人体立体感的认识。也就是说，有了人体的立体感，才会有服装的立体感，设计师只有清楚地掌握人体体型，才能更好地进行美的表达。

四、人体与服装结构设计关系

如果对人体静态进行观察，就可以清楚地划分出头部、躯干、上肢和下肢等四大区域。在各区域中又可分出主要的组成体块，这些体块呈现稳定状态，并由连接点连接，形成人体构造。了解这些部位的具体形态和相关数据非常重要，有利于对结构设计原理的理解。

（一）头部

头部在服装结构设计中是不可忽视的一环，它是雨衣、羽绒服、风衣以及各种帽子的结构设计的依据，如图 2-8 所示。

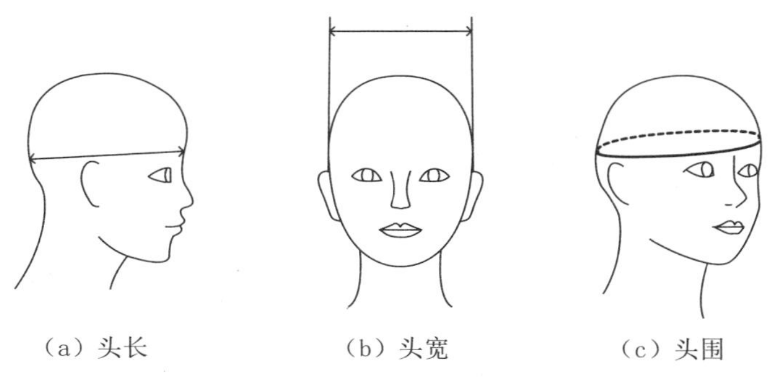

（a）头长　　（b）头宽　　（c）头围

图 2-8　头部服装结构因子

帽子的结构主要是由头顶、脑后和两侧组成的半圆形，呈上大下小的实体。已知帽子的具体款式，要准确绘制帽子的结构图，就需要了解头部的相关数据，如头围、头长、头宽等。以中号体型为例：①头围：男子 58cm 左右，女子 54cm 左右；②头长：男子 27cm 左右，女子 24cm 左右；③头宽：男子 21cm 左右，女子 18cm 左右。在这些数据的基础上，适当加一定的放松量即可确定帽子的成品尺寸。

（二）躯干

躯干由胸部、腰部和臀部三大体块组成，它是人体的主干区域，是服装结构设计的主要依据。服装结构中主要部位的水平断面如图 2-9 所示。

1. 骨骼

骨骼决定人体的外部形态特征，男女的骨骼有着较明显的区别。男子的骨骼粗壮而突出，女子则相反。由此反映出男女体型的特征：男子粗犷，肩较宽、胸廓大；女子柔和，肩窄小圆滑、胸廓小。由于生理上的差别，男子骨盆狭小而薄，女子胸围小于臀围，一般相差 4 ~ 6cm。

2. 肌肉、皮下脂肪

男女的体型除了受骨骼影响外，肌肉及皮下脂肪的影响也不可忽视。男子的肌肉较发达，特别是背部非常厚实，使后腰节线下移，所以男装后衣长往往长于前衣长。女子肌肉不发达，但是皮下脂肪较多，乳房隆起，背部向后倾斜，颈部向前伸，肩胛骨突出，臀部突出上翘，后腰凹陷，腹部前挺，展现出优美的 S 形曲线。女装往往需要体现该特征，也就决定了褶、省以及弹性面料在女装中的大量应用。

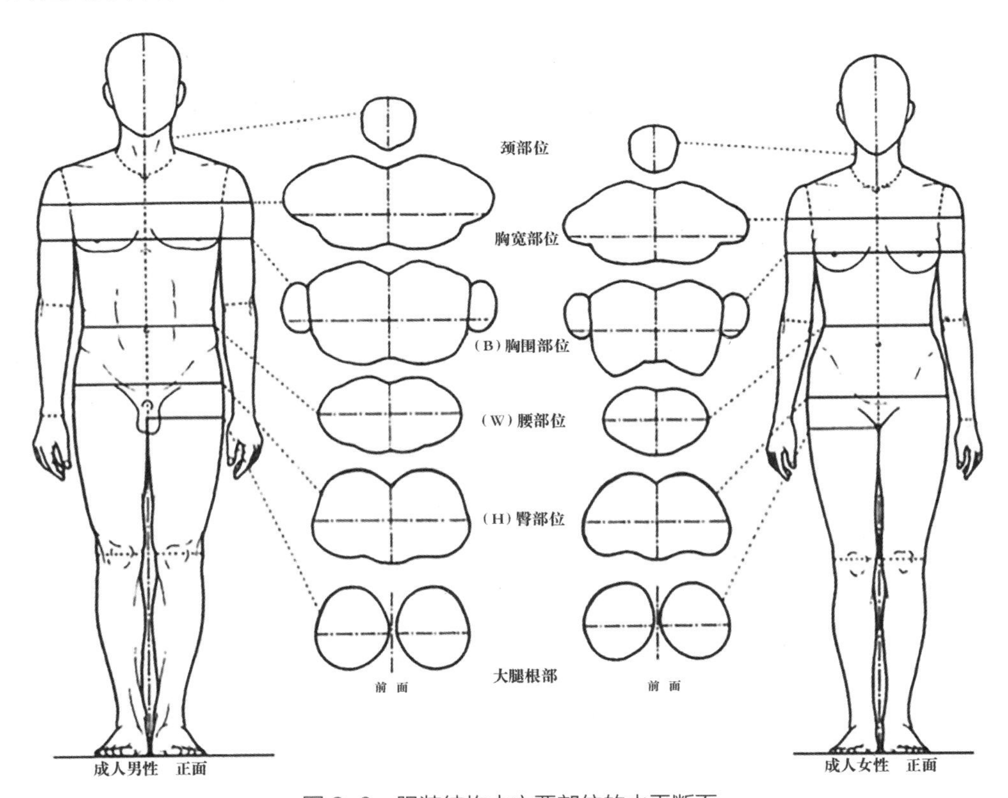

图 2-9　服装结构中主要部位的水平断面

3. 上肢

人体的上肢由上臂、前臂和手腕组成。上臂和前臂为固定体块，中间由肘关节连接，在形体上理解为两个圆柱相连的动体。这一体块是袖结构设计的依据，在设计时首先要了解手臂自然下垂时的形态，一般向前倾斜 6cm，然后根据袖型的需要设计袖山高与袖肥。一般把臂伏案并保持袖形不变（无皱折）的自然形状认为是标准袖型，经测量此时袖山高 14cm。根据袖型的需要可调整袖山高，袖型越宽松，袖山就越浅，一般不超过 14cm ；反之，则超过 14cm。

4. 下肢

人体的下肢由大腿、小腿和足三个体块组成，中间分别由膝关节和踝关节连接，是裙类和裤类结构设计的重要依据。由于这一体块运动比较频繁，因此有必要了解它运动时的情况。当人行走时，两条腿就会互相交叉，形成交叉点。经测量，交叉点距离腰节 36cm，交叉点位置人体围度为 80cm 左右，这两个数据是设计多种下装款式结构的依据。

五、体型分类

（一）分类指标

人体体型可以采用不同的变量来表示，传统分类指标有以下三类。

1. 围度差

相同的胸围，不同的腰围（腹围或臀围），就显示出不同的体型。因此，不同围度的差值可作为区分体型的依据，许多国家都是以三围来制定标准的。该方法简单易行，但分类结果不一定显著。

2. 前后腰节长的差

前后腰节长的差最能显示正常体与挺胸凸肚或有曲背的体型的差别。但这种方法对下体差别的反映误差过大，而且测量部位不易把握，因此采用不广泛。

3. 特征指数

常用的指数有体重与身高的比（又称为丰满指数）、某种围度与身高的比、不同围度的比等，在体型分类上经常采用的有皮-弗氏、罗氏指数、达氏指数等。

（二）男女体型分类

体型可分为正常体和非正常体，正常体是指胸、背、肩、腹、四肢发育均衡者。国家标准中按照胸腰差分为 Y、A、B、C 四类，如表 2-1 所示。

表 2-1　男女体型分类　　单位：cm

体型分类代号		Y（瘦体）	A（中等）	B（中等）	C（胖）
胸围与腰围差	男	22～17	16～12	11～7	6～2
	女	24～19	18～14	13～9	8～4

男女体型特征比较如表 2-2 所示。

表 2-2　男女体型特征比较

部位	男性	女性
胸部	胸廓宽阔、肌肉发达健壮、胸部比较平坦	胸廓较窄、胸部隆起
肩部	较宽、平、挺	较窄、向下倾斜
背部	较宽阔、肌肉丰厚	背部较窄、体表较圆厚
颈部	较粗，横截面略呈桃形	较细显长，横截面略呈扁圆形
腹部	扁平，侧腰较宽直	较圆厚宽大，侧腰较狭窄
腰部	过渡平缓，腰节较低	曲线过渡明显，腰节较高
胯部（胯骨外缘部位）	骨盆高而窄，骨骼外缘较平缓	骨盆低而宽，骨骼外凸明显，体表丰满
臀部	臀肌健壮，脂肪少，后臀不及女性丰厚发达	臀肌发达，脂肪多，臀部宽大丰满且向后突出
上肢部	肌肉健壮，肩峰处肩臂分界明显，肘部宽大，腕部扁平，上肢长度较长	肩峰处肩臂分界不明显，腕部及手部较窄，上肢稍短
下肢部	下肢略显长，腿肌发达，膝盖较窄且呈弧状，两足并立时，大腿内侧可见缝隙	下肢小腿略短，腿肌圆厚，大小腿弧度较小，两足并立时，大腿内侧不见缝隙
总体比较	男性体型特征为肩阔而平，胯部较窄，胸廓发达，臀腰差较小，曲线过渡平缓，腰低而宽，腹平臀缓，躯干较平扁，腿比上身长，呈倒三角形。皮下脂肪少，皮下的肌肉和骨骼形状能明显地表现出来	反之

第二节　人体比例与服装设计

人体比例的相关概念是体型表达、款式设计、工艺制作中必须掌握的基础知识。人的身材有高矮胖瘦之分，人体比例也因人而异，服装设计师通过不同的结构设计形式来优化人体比例，使穿着者的身材比例更为美观。因此，学习符合服装款式中各部分的比例，结合个人的设计创意，明确形态系列中人体比例和服装比率之间的关系尤为重要。

一、头身示数与比例

（一）头身示数

以头高（头顶到颌尖）划分身长而得到的数值称为头身示数。这个人体比例以头部为标准，在服装设计中容易理解，也容易使用。

头身示数为 7.5 或 8，美的程度为最佳。但是，仅以这个来评价人体美也是有问题的。头身示数的确是衡量人体美的一个标准，但重要的是作为计量单位的分割线在人体什么部位和用分割线分割的各个部位之间形状是否匀称以及连接得如何。身体局部稍有不同，就会产生各种各样的形态。因此，头身示数是把握人体形态的好方法，但也只是大致的标准。

7 头身的分割线和身体部位的关系如下（图 2-10）。

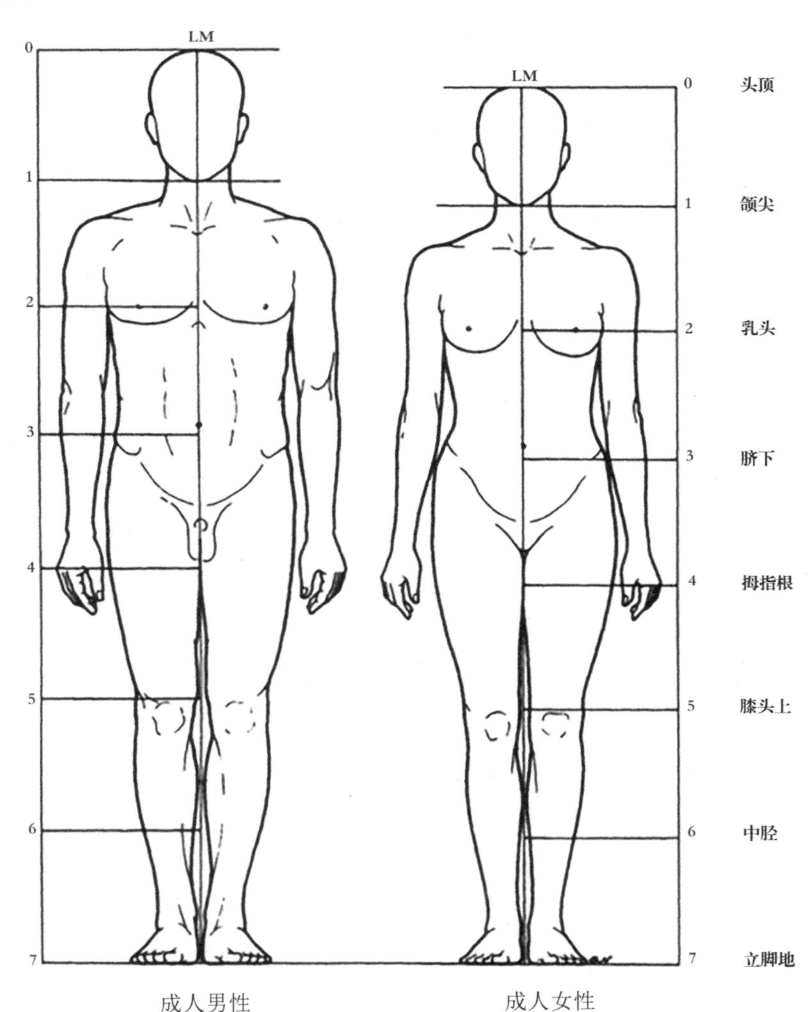

图 2-10　7 头身的分割线和身体部位的关系

0—头顶；1—颌尖；2—乳头（大致上限的位置）；3—脐下（大致下限的位置）；
4—拇指根（大致拇指根下限位置）；5—膝头上（膝盖骨上沿）；
6—中胫（大致胫骨中间）；7—立脚地（脚底板）。

（二）实际比例

（1）第 3 指长=1/2 头高：从第 3 指（中指）头端到中指上端面的长大致等于头高 1/2 处的眼睑线或耳上根部的位置（图 2-11）。

（2）头高=前臂长=脚长：下臂（从肘头到手腕尺骨的长度）和脚长（从后根到脚趾的长度）大致与头高相等（图 2-12）。

（3）头身示数为 7 时的肩峰点：肩峰位置在服装设计中具有重要的意义。分割线 1～2 之间，自上向下 1/3 的位置是肩峰。这是一个基准点，再比它低的话就成为斜肩。但也不能一概而论，因为它与颈侧点高低有关（图 2-13）。

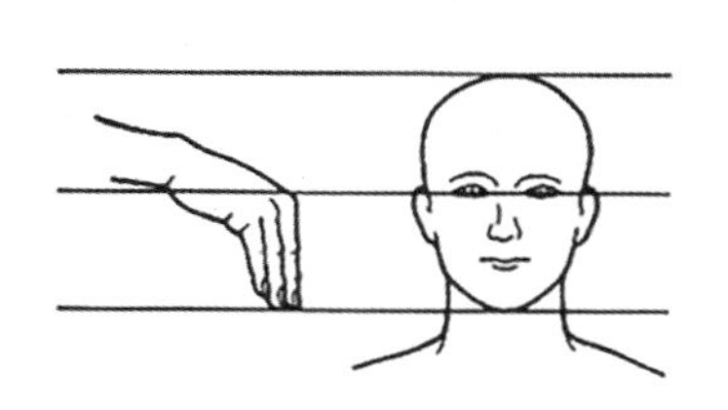

图 2-11　第 3 指长 =1/2 头高

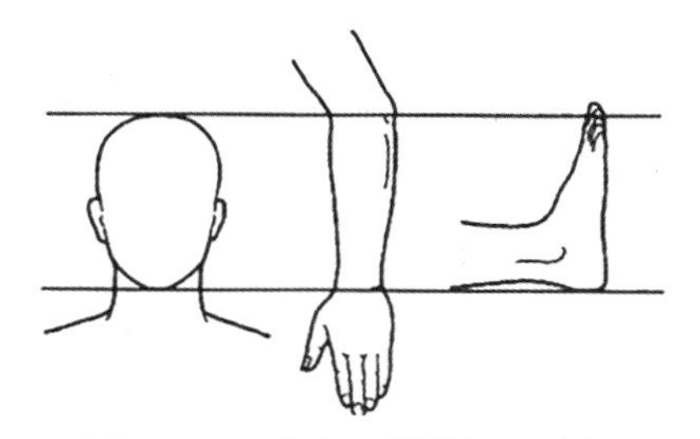

图 2-12　头高 = 前臂长 = 脚长

（4）头身示数为 7 时，肩峰间距和上臂外侧间距：头的大小和肩宽与服装的形状和大小的均衡有着密切的关系（图 2-14）。

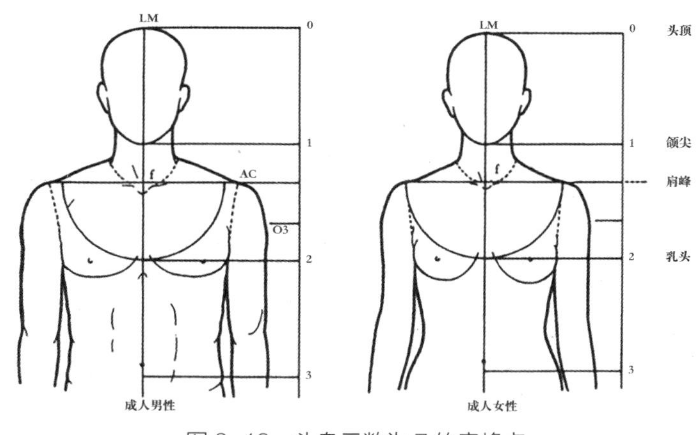

图 2-13　头身示数为 7 的肩峰点

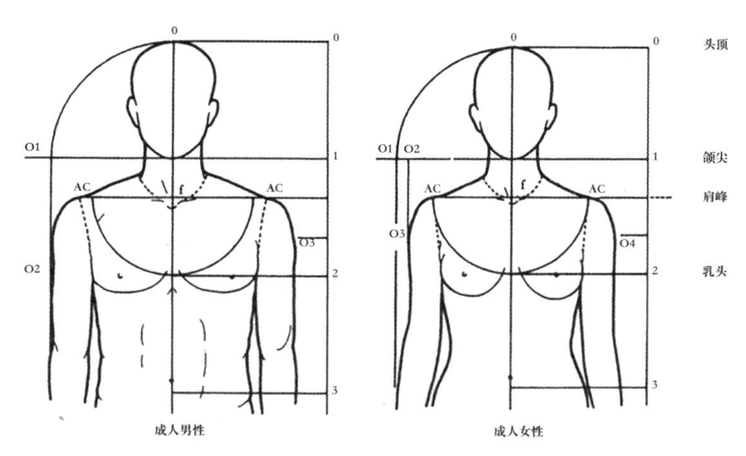

图 2-14　头身示数为 7 时，肩峰间距和上臂外侧间距

以肩峰点分割线（1～2 之间靠 1 的 1/3 处）和中心线的交点 f（颈窝点附近）为中心，到两

乳头分割线和中心线交点距离为半径画弧，与肩峰点分割线相交，在左右分别得交点 AC（肩峰点 acromion）。此为女性的肩峰点宽，即相当于衣服肩宽的尺寸。男性的肩宽比女性还要外面一点。

图 2-14 中左图为成人男性，以下颌为中心，头高为半径画弧，分别与 1 分割线左右两边相交，得 O1，从 O1 引铅垂线 O2。另一侧同样求得 O3，便得到上臂外侧间距。女性则要靠里一点，为 O3 ~ O4。

（5）头身示数为 7 时，身长=指尖距离，身长与两指尖长大致相等。

直立状态，上肢左右展平，中指与中指之间的长度与身长等长，正好在方形中。

（三）年龄层、性别的比例

这个比例对于了解由年龄变化引起的体型变化和男女体型差异都非常重要（图 2-15 和图 2-16）。了解体型变化的类型，可用于：

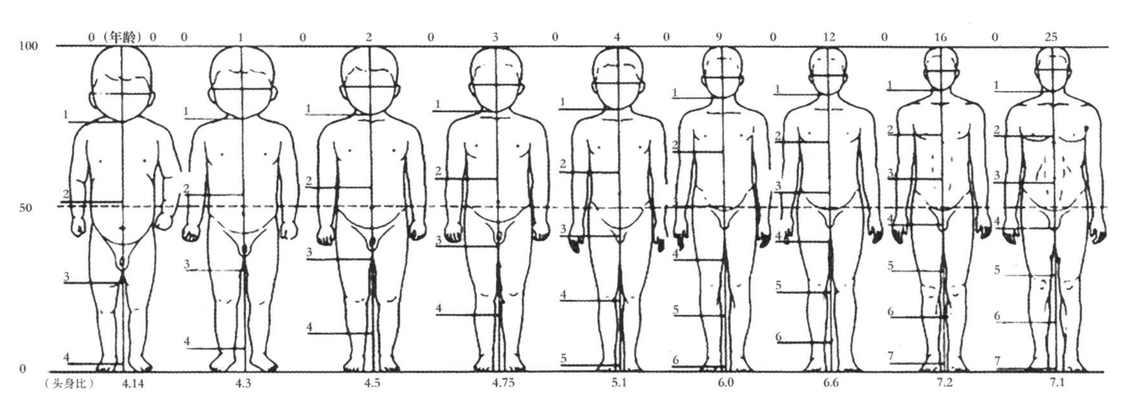

图 2-15　男性各年龄层次的比例

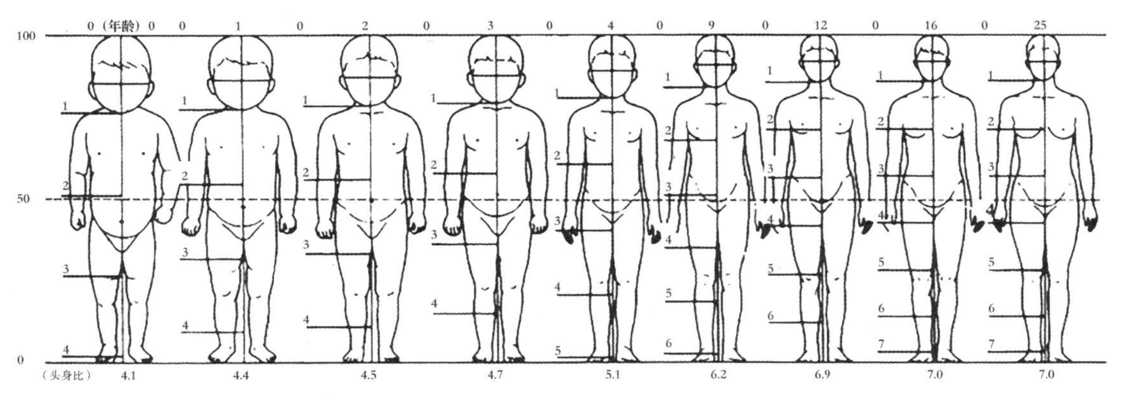

图 2-16　女性各年龄层次的比例

（1）体型变化的推测，测量方法及其处理；

（2）制订尺码时的体型覆盖率研究；

（3）制订尺码及推档的方向；

（4）时装画年龄层的表达；

（5）高覆盖率体型款式的形成。

二、服装设计中比例的种类

服装设计中比例的种类具体如下。

（1）实际比例和服装结构图比例，是指实测值的比例，在比例图中不允许有变形和歪曲。前面谈到的头身示数也包含在其中。

（2）表现比例和效果图表现比例是指谋求人体比例基础上的特殊效果，而不是测量值的实际比例。它是美术意义上的表现，是人为主观采用的人体比例。

（3）共存化比例是指实际比例或表现比例这两个不同的比例皆存在的，能够产生特殊美的效果的比例。

第三节　人体测量基础知识

人体体型与人体测量是服装人体工程学的重要内容，是服装结构设计必不可少的知识和技术。进行人体测量要掌握规格和尺寸表的来源、测量的方法和技术要领，这对认识人体结构和服装结构设计是十分必要的，一方面这种测量标准和国际服装测量标准一致，另一方面它必须符合服装结构设计原理的基本要求。

国标（GB/T 5703—1999）中规定了人体工程学使用的成年和青少年的人体测量术语。该标准规定，只有在被测者姿势及测量基准点、基准线、基准面、测量方向等符合要求的前提下，测量出的数据才是有效的。

一、人体测量的意义

人体测量是为了对人体体型特征有一个正确的、客观的认识，先将体型各部位资料化，然后用精确的数据来表示人体各部位的体型特征。当然要取得人体各部位的具体资料，就要对人体进行实际测量，只有这样才能正确把握人体体型特征。

人体测量是进行服装结构设计的必要前提，“量体裁衣”就是要求通过人体测量，掌握人体有关部位的具体资料，之后再进行结构分解，这样可以保证各部位设计的尺寸有可靠的依据，从而使得设计出的服装适合人体的体型特征，穿着舒适、外形美观。

人体测量的重要性还表现在，它是服装生产中制订号型规格标准的基础。服装号型标准的制订是建立在大量人体测量的基础上的，即通过人体普查的方法，对成千上万的人体进行测量，取得大量的人体资料，然后进行科学的资料分析和研究，最后制订出正确的服装号型标准。由此可以看出，人体测量是服装结构设计和服装生产中十分重要的基础性工作，因此必须有一套科学的测量方法，同时必须有相应的测量工具和设备。

二、人体测量的要求

人体测量有两类：一类是静态尺寸测量，即人体结构尺寸测量；另一类是动态尺寸测量，即功能尺寸测量。对于服装的人体测量尺寸，以静态尺寸为主，基本姿势为被测者呈立姿或坐姿。

（一）立姿

立姿指被测者挺胸直立，头部以眼耳平面定位，眼睛平视前方，肩部放松，上肢自然下垂，手伸直，手掌朝向体侧，手指轻贴大腿侧面，自然伸直膝部，左、右足后跟并拢，前端分开，使两足大致呈 45° 夹角，体重均匀分布于两足。

（二）坐姿

坐姿指被测者挺胸坐在被调节到腓骨头高度的平面上，头部以眼耳平面定位，眼睛平视前方，左、右大腿大致平行，膝弯曲大致成直角，足平放在地面上，手轻放在大腿上。

（三）净尺寸测量

净尺寸是确定人体基本模型的参数。为了使净尺寸更为准确，被测者要穿紧身服装。净尺寸又叫内限尺寸，即尺寸的最小限度，例如胸围、腰围、臀围等围度测量都不加放松量。

1. 定点测量

定点测量是为了保证各部位测量的尺寸尽量准确，避免凭借经验猜测。例如围度测量先确定测量位置的凹凸点，然后进行水平测量；长度测量是相关各测量点的总和，如袖长是肩点、肘点、尺骨点连线之和。

2. 厘米制测量

测量者所采用的软尺必须是以厘米为单位的，这样才会和标准单位相统一。

三、人体测量的基准点与基准线

人体体表形态比较复杂，要进行规范性测量，就需要在人体表面确定一些点和线，然后将这些点和线按一定的原则固定下来，作为专业通用的测量基准点和基准线。这样便于建立统一的测量方法，测量出的数据也才有可比性，从长远看更有利于专业的规范发展。

基准点和基准线是根据人体测量的需要确定的，同时也考虑到这些点和线应具有明显性、固定性、易测性和代表性的特点。测量基准点和基准线无论在谁身上都是固有的，不会因时间、生理的变化而改变。因此，一般多选在骨骼的端点、凸起点和肌肉的沟槽等部位，如图 2-17 和图

2-18 所示。

（一）基准点

（1）前颈点（FNP）：也称为颈窝点，此点位于左右锁骨连接之中点，同时也是颈根部有凹陷的前中点。

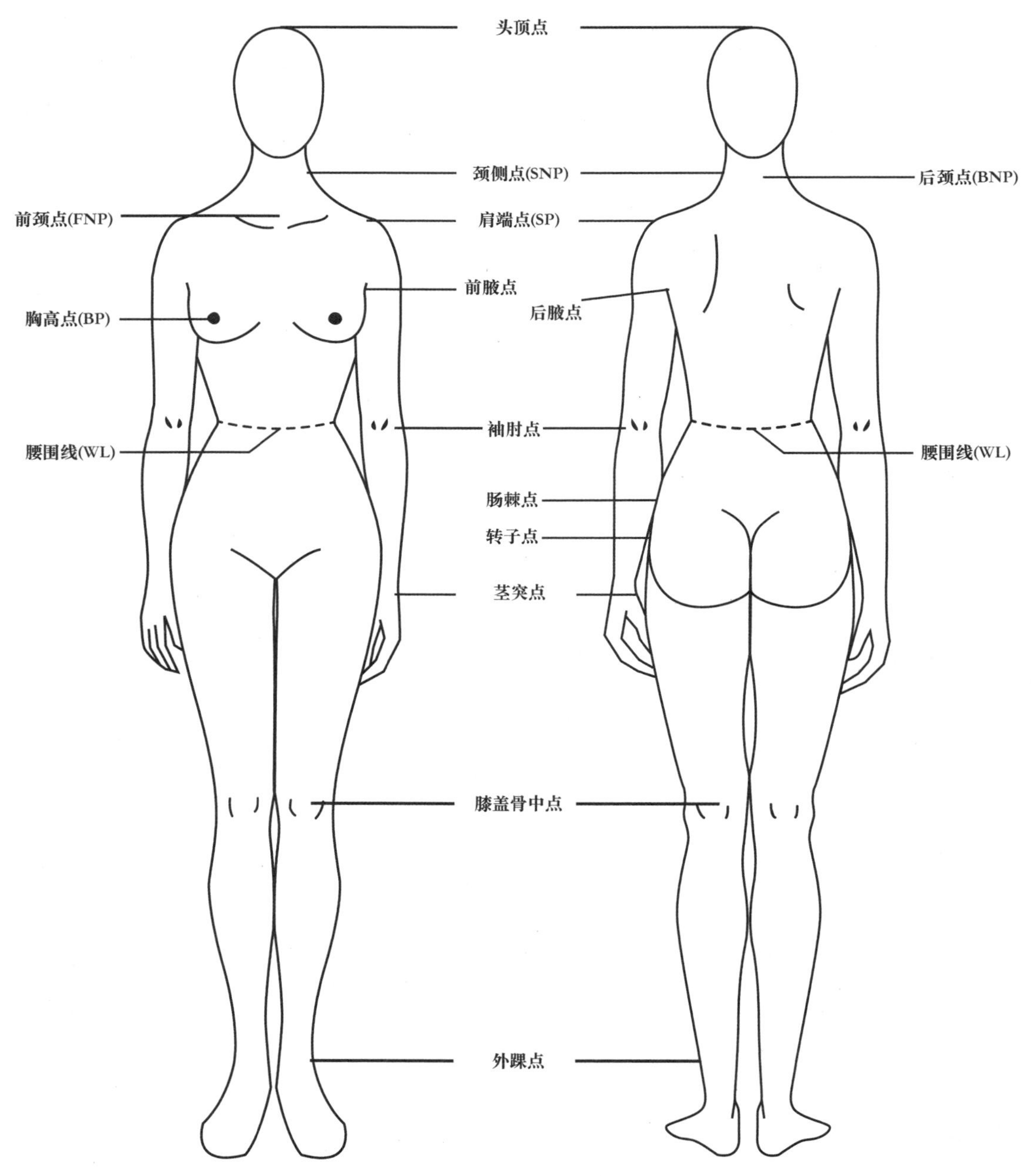

图 2-17　人体测量基准点

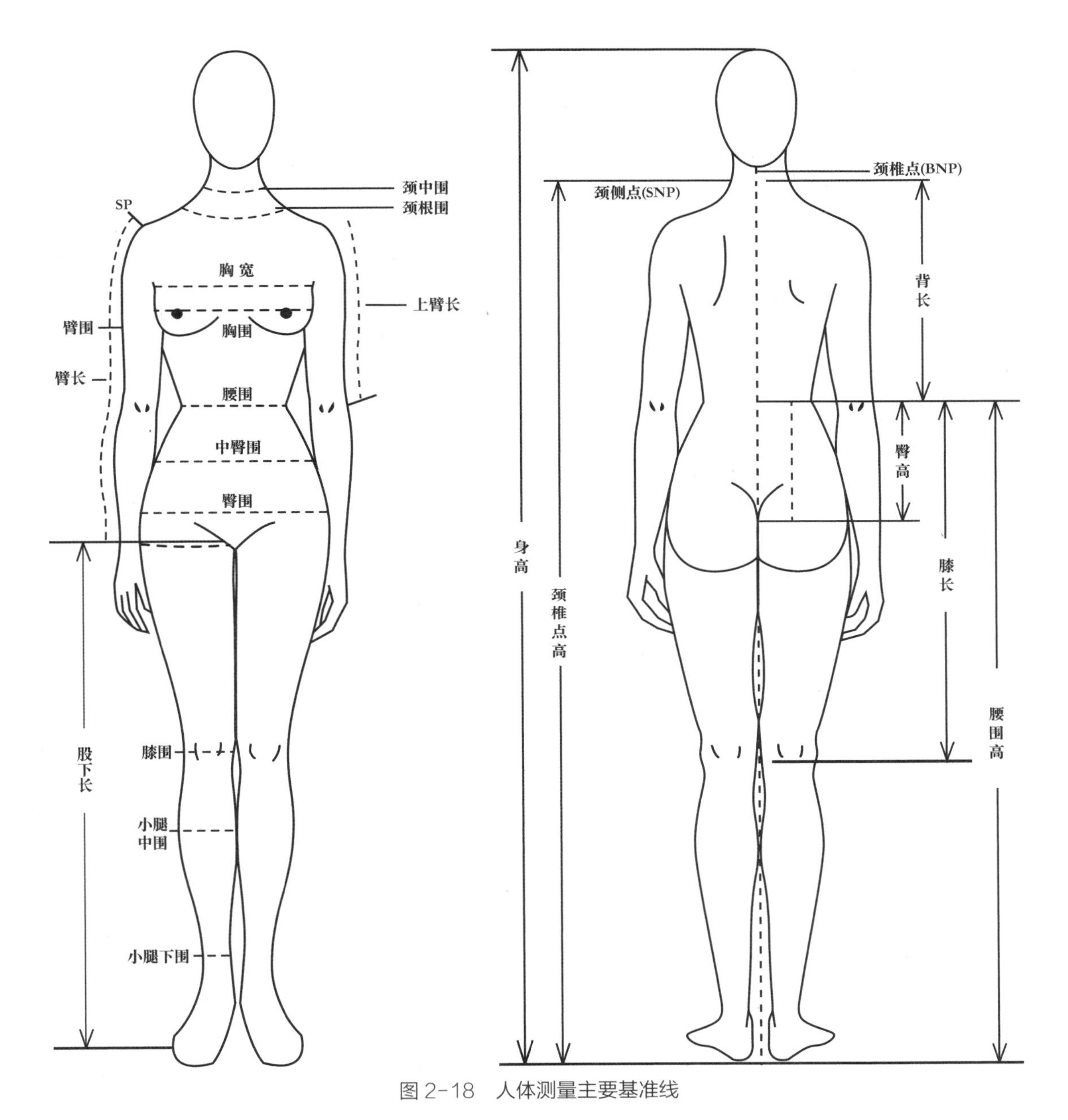

图 2-18　人体测量主要基准线

（2）颈侧点（SNP）：此点位于颈根部侧面与肩部交接点，也是耳朵根垂直向下的点。

（3）后颈点（BNP）：此点位于人体第七颈椎处，当头部向前倾倒时，很容易触摸到其突出部位。

（4）肩端点（SP）：此点位于人体左右肩部的端点，是测量肩宽和袖长的基准点。

（5）胸高点（BP）：即胸部最高点，位于乳头位置。它是女装结构设计中胸省处理时很重要的基准点。

（6）前腋点：此点位于人体手臂与胸部的交界处，是测量前胸宽的基准点。

（7）后腋点：此点位于人体手臂与背部的交界处，是测量后背宽的基准点。

（8）袖肘点：此点位于人体手臂的肘关节处，是确定袖弯线凹势的参考点。

（9）膝盖骨中点：此点位于人体的膝关节中央。

（10）踝骨点：脚腕两旁凸起的部位。

（11）头顶点：以正确立姿站立时，头部最高点，位于人体中心线上。它是测量总体高的基准点。

（12）茎突点：也称手根点，桡骨下端茎突最尖端之点，是测量袖长的基准点。

（13）外踝点：脚腕外侧踝骨的突出点，是测量裤长的基准点。

（14）肠棘点：在骨盆位置的上前髂骨棘处，即仰面躺下，可触摸到骨盆最突出之点，是确定中臀围线的位置。

（15）转子点：在大腿骨的大转子位置，为在裙、裤装侧部最丰满处。

（二）主要基准线

（1）颈围线（NL）：通过左右颈侧点（SNP）、后颈点（BNP）、前颈点（FNP）测量得到的尺寸，是测量人体颈围长度的基准线。

（2）胸围线（BL）：通过胸部最高点的水平围度线，是测量人体胸围大小的基准线。

（3）腰围线（WL）：通过腰围最细处的水平线，是测量人体腰围大小的基准线。

（4）臀围线（HL）：通过臀围最丰满处的水平线，是测量人体臀围大小的基准线。

（三）人体测量部位

人体测量部位是根据测量目的来确定的，测量目的不同则测量部位也有所不同。根据服装结构设计的需要，人体测量部位具体如下。

（1）身高：人体立姿时从头顶点垂直向下量至地面的距离。

（2）背长：从颈椎点垂直向下量至腰围中央的长度。

（3）前腰节长：由颈侧点通过胸高点量至腰围线的距离。

（4）颈椎点高：从颈椎点量到地面的距离。

（5）坐姿颈椎点高：人坐在椅子上，从颈椎点垂直量到椅面的距离。

（6）乳位高：由颈侧点向下量至胸高点的距离。

（7）腰围高：从腰围线中央垂直量到地面的距离，是裤长设计的依据。

（8）臀高：从腰围线向下量至臀部最丰满处的距离。

（9）上裆长：从体后腰围线量至臀沟的长度。

（10）下裆长：从臀沟向下量至地面的距离。

（11）臂长：从肩端点向下量至茎突点的距离。

（12）上臂长：从肩端点向下量至袖肘点的距离。

（13）手长：从茎突点向下量至中指指尖的长度。

（14）膝长：从腰围线量至膝盖中点的长度。

（15）胸围：过胸高点沿胸廓水平围量一周的长度。

（16）腰围：经过腰部最细处水平围量一周的长度。

（17）臀围：在臀部最丰满处水平围量一周的长度。

（18）中臀围：在腰围与臀围中间位置水平围量一周的长度。

（19）头围：通过前额中央、耳上方和后枕骨，在头部水平围量一周的长度。

（20）颈根围：通过颈侧点、颈椎点、颈窝点，在人体颈部水平围量一周的长度。

（21）颈中围：通过喉结，在颈中部水平围量一周的长度。

（22）乳下围：在乳房下端水平围量一周的长度。

（23）臂根围：软尺从肩端点穿过腋下围量一周的长度。

（24）臂围：在上臂最粗处水平围量一周的长度。

（25）肘围：经过肘关节水平围量一周的长度。

（26）腕围：经过腕关节茎突点围量一周的长度。

（27）掌围：拇指自然向掌内弯曲，通过拇指根部围量一周的长度。

（28）胯围：通过胯骨关节，在胯部水平围量一周的长度。

（29）大腿根围：在大腿根部水平围量一周的长度。

（30）膝围：软尺过膝盖中点水平围量一周的长度。

（31）小腿中围：在小腿最丰满处水平围量一周的长度

（32）小腿下围：在踝骨上部最细处水平围量一周的长度。

（33）肩宽：从左肩端点通过颈椎点量至右肩端点的距离。

（34）颈幅（小肩宽）：从肩端点量至颈侧点的距离。

（35）胸宽：从前胸左腋窝点水平量至右腋窝点的距离。

（36）乳间距：从左乳头点水平量至右乳头点的距离。

（37）背宽：从后背左腋窝点水平量至右腋窝点的距离。

第三章
服装结构构成方法与规格设计

服装结构的构成方法有平面构成和立体构成两种，在实际操作中往往会将两种方法交替使用。由于在服装平面纸样的设计过程中，既要考虑服装款式的创造性，又要满足人体的活动要求，因此，充分理解服装原型的特性并具备预测服装新造型平面展开图的能力十分重要。

第一节　服装结构构成方法

一、服装结构构成方法的分类

服装结构构成方法分为服装平面构成法和服装立体构成法。

服装平面构成法是指将人体的实测尺寸通过人的思维分析，进而通过服装把人体的立体三维关系转换成服装纸样的二维关系，并通过定寸或公式绘制出平面的图形（板型）。

服装立体构成法也称服装立体裁剪，是将布料覆盖并贴合在人体或人台上，通过折叠、收省、聚集、提拉等手法完成效果图所要求的服装主体形态，然后展平成二维的布样，最后通过转换变成二维的服装样板。

二、服装构成方法的特点

（一）服装平面构成法

服装平面构成法具有简捷、方便、绘图精确等优点，但由于在绘制过程中纸样和服装之间缺乏形象、具体的立体对应关系，影响了由三维数据到二维设计，进而由二维设计转换为三维成衣的准确性。因此，在实际应用时常使用假缝来实现立体造型，再通过补正的方法进行修正，以达到造型完美的效果。

（二）服装立体构成法

服装立体构成法的整体操作是在人体或人台上进行，从三维设计效果转换到二维布样，最后转换为三维成衣。二维布样的直观效果好，便于设计思想的充分发挥和修正。立体构成法还能形成平面构成法难以形成的不对称性、多皱褶等复杂造型，但服装立体构成法对操作者的技术素质和艺术修养均要求很高。

在服装产业中，主要采用以下三种模式。

1. 立体构成法为主、平面构成法为辅的模式

在标准人台上以立体构成技术为主，形成服装立体构成布样，将布样以及结构分割展开得到具体的服装款式平面样板，再进行布样修正，最后进行推板的操作模式。此类服装有立体形态复杂的晚礼服、婚纱及不对称创意成衣等。

2. 立体构成法、平面构成法并举的模式

立体形态较规则的服装结构使用平面构成，然后到立体检验，再进行修正，最后进行推板的模式。此类服装有衬衫、西服、裤类等。

3. 平面构成法为主、立体构成法为辅的模式

形态较规则的服装部件用平面构成法，形成平面构成款式纸样，然后到立体检验，再进行修正，最后进行推板的模式。此种模式适用于绝大多数的服装构成。

第二节　服装平面构成法

平面构成技术又称作平面裁剪，是指在平面的牛皮纸上按定寸或公式制作平面裁剪图，并完成放缝、对位、标注各类技术符号等技术工作，最后剪切、整理成规范的平面纸样。服装平面构成法相对于立体构成法而言，更需操作者具有将三维服装形态展平为二维纸样的能力。采用服装平面构成法，首先要考虑人体特征、款式造型风格、控制部位的尺寸，并结合人体穿衣的动态、静态舒适要求，运用相关尺寸的公式作为服装细部计算方法，通过平面制图的形式绘制出所需的服装结构图。

服装平面制图是将已经设计好的服装款式在想象中立体化，利用预先测量获得的人体相关部位尺寸绘制成立体形态相对应的平面展开图的方法。服装平面制图是将想象中的立体形态转化为具体的平面展开图，与直接用布料在人台上边做边确认的立体裁剪相比，它涉及难度较高的图形学计算等方面的内容。但现在使用较为普遍的“原型法”制图，由于原型本身是包裹人体尺寸和形态的最基本的服装，因此，相对来说是一种简单易学的平面纸样制图方法。

服装结构平面构成法又分为间接法和直接法两种。间接法和直接法是由于制图尺寸形式不同而产生的各种具体方法，并且名称各异。但从原理上分析，这两种方法均属于下列方法。

（1）比例法：上装用胸度法，下装用臀度法，都是以人体的胸臀尺寸或服装基本部位的尺寸的比例形式来计算各细部尺寸。

（2）实寸法：通过实际测量人体的尺寸或服装各部位的尺寸绘制原型或服装款式纸样。

一、间接法

间接法又称过渡法，即以原型或基型等基础纸样为过渡媒介体，在其基础上根据服装具体尺寸及款式造型，通过加放、缩减尺寸及剪切、折叠、拉展等技术手法制作服装的结构图。

基础纸样分原型法和基型法两种。

（一）原型法

原型法以结构最简单，但最能充分表达人体重要部位（FWL、BWL、NL、BP、BL、WL等）尺寸的原型为基础，加放衣长，增减胸围、胸背宽、领围、袖窿等细部尺寸，并通过剪切、折叠、拉展等技法最终制作符合服装造型的服装结构图。

（二）基型法

基型法以所要设计的服装品种中最接近该款式造型的服装纸样作为基型，并进行局部造型调整，最终制作成所需服装款式的纸样。由于操作步骤少、制版速度快，常为企业制版时采用。

二、直接法

直接法亦称直接制图法，是指不通过任何间接媒介，直接按服装的各细部尺寸或运用基本部位与细部之间的回归关系式进行制图的方法。这些回归关系式是通过大量人体体型测量得到的精确关系式，将精确关系式简化，变为实用的计算公式，其形式往往随公式中变量项系数的比例形式而有所不同。此类方法具有制图直接、尺寸详实的特点，但在根据造型风格估算计算公式的常数值时需具备一定的经验。按其方法种类，有比例制图法和实寸法两种。

（一）比例制图法

比例制图法根据人体的基本部位（身高、净胸围、净腰围）与细部之间的回归关系，求得各细部尺寸，用基本部位的比例形式表达。

（二）实寸法

实寸法以特定的服装为参照基础，测量该服装的细部尺寸，以此作为服装结构制图的细部尺寸或参考尺寸，在行业中称为剥样。

第三节　服装规格种类

服装规格种类需要遵照一定的分类规则，即示明规格与细部规格。示明规格是指用数字、字母等单独或组合表示服装整体大小属性的规格。细部规格是指用具体的尺寸或人体部位、服装基本部位（起关键作用）的回归式表示服装细部尺寸大小的规格。

一、按表示方法的元素个数分

一元表示：将服装或人体的某个最主要部位尺寸用一个数字或字母表示。

二元表示：将服装或人体的某些最主要部位尺寸用两个数字或字母的组合表示。

三元表示：将服装或人体的某些最主要部位尺寸用三个数字或字母的组合表示。

二、按元素的性质分

（一）领围法

用服装领围的尺寸大小 N 表示服装的示明规格，常用于男士立领衬衫，档差=1 ~ 1.5cm。

（二）胸围法

用服装胸围的尺寸大小 B 表示服装的示明规格，常用于针织、编织服装，档差=5cm。

（三）代码法

用阿拉伯数字或英文字母表示服装示明规格的大小属性。阿拉伯数字表示：2、4、6、…、12、14、…、24、$27\frac{1}{3}$、…、$36\frac{2}{3}$。其中 2、4、6、…、12、14 表示少儿服装规格，其数字表示适穿者年龄；其后的数字只是代码，表示成年人服装，数字与年龄无关。

英文字母表示：XS、S、M、L、XL、XXL。其中 M 表示中档规格，向左表示趋小规格，向右表示趋大规格。

（四）号型法

用人体基本部位尺寸的组合表示服装示明规格。其中人体基本部位尺寸包括人体总体高、人体净围度（B*、W*）、人体体型组别（Y、A、B、C）三者的组合。号型法常用于除使用领围法、胸围法及其他个别服装之外的所有服装的示明规格表示。

第四节　服装号型标准

一、号型

身高、胸围和腰围是人体的基本部位，也是最有代表性的部位，用这些部位的尺寸来推算其他部位的尺寸，误差最小。体型分类代号能反映人体的体型特征，用这些部位及体型分类代号作为服装成品规格的标志，消费者易于接受，也方便服装生产和经营。为此，《服装号型》（GB/T1335—2008）中确定：“号”是将人体的身高以厘米为单位表示，是设计和选购服装长短的依据；“型”是指人体的上体胸围或下体腰围，以厘米为单位表示，是设计和选购服装肥瘦的依据。

“号”指人体的身高，是设计服装长度的依据。人体身高与颈椎点高、坐姿颈椎点高、腰围高和全臂长等密切相关，并随着身高的增长而增长。例如在国家标准中，男子145cm颈椎点高，6.5cm坐姿颈椎点高，55.5cm全臂长，103cm腰围高，只能同170cm身高组合在一起，不可分割使用。

“型”指人体的净体胸围或腰围，是设计服装围度的依据，与臀围、颈围和总肩宽同样不可分割。例如在国家标准中，男子88cm胸围必须与36.4cm颈围、44cm总肩宽组合在一起，68cm、70cm腰围必须分别与88cm、90cm臀围组合在一起。

二、体型组别

根据人体的胸腰围差，即净体胸围减去净体腰围的差数，我国人体可分为四种体型，即Y、A、B、C。根据胸腰围差数的大小，可确定体型的分类代号，如某男子的胸腰围差为22～17cm，则该男子属Y体型；如某女子的胸腰围为在8～4cm，则该女子属C体型，如表2-1所示。

号与型分别统辖长度和围度的各大部位，体型代号Y、A、B、C则控制体型特征，因此服装号型的关键要素为：身高、净胸围、净腰围和体型代号。

与成人不同的是，由于儿童身高逐渐增长，胸围、腰围等部位处于逐渐发育变化的状态，因此儿童不划分体型。

表3-1为全国成年男子各体型人体在总量中的比例。从表中可以看出，A体型和B体型较多，其次为Y体型，C体型较少，但具体到某个地区，其比例又有所不同，见表3-2和表3-3。

表3-1　全国成年男子各体型人体在总量中的比例　单位：%

体型代号	Y	A	B	C
占总量比例	20.98	39.21	28.65	7.92

表3-2　全国各地区男子体型所占的比例　单位：%

地区	体型代号				
	Y	A	B	C	不属于所列四种体型
华北、东北	25.45	37.85	24.98	6.68	5.04
中西部	19.66	37.24	29.97	9.50	3.63
长江下游	22.89	37.17	27.14	8.17	4.63
长江中游	24.89	36.07	27.34	9.34	2.36
两广、福建	12.34	37.27	37.04	11.56	1.79
云、贵、川	17.08	41.58	32.22	7.49	1.63
全国	20.98	39.21	28.65	7.92	3.24

表 3-3 全国各地区女子体型所占的比例 单位：%

地区	体型代号				
	Y	A	B	C	不属于所列四种体型
华北、东北	15.15	47.61	32.22	4.47	0.55
中西部	17.50	46.79	30.34	4.52	0.85
长江下游	16.23	39.96	33.18	8.78	1.85
长江中游	13.93	46.48	33.89	5.17	0.53
两广、福建	9.27	38.24	40.67	10.86	0.96
云、贵、川	15.75	43.41	33.12	6.66	1.06
全国	14.82	44.13	33.72	6.45	0.88

三、中间体

根据大量实测的人体数据，通过计算求出平均值，即为中间体。它反映了男女成人各类体型的身高、胸围、腰围等部位的平均水平，具有一定的代表性。在设计服装规格时必须以中间体为中心，按一定分档数值，向上下、左右推档组成规格系列。但中间号型是指在人体测量的总数中占有最大比例的体型，我国设置的中间号型是就全国范围而言的，各个地区的情况会有差别。所以，对中间号型的设置应根据各地区的不同情况及产品的销售方向而定，不宜照搬，但规定的系列不能变。我国男、女体型的中间体设置见表 3-4。

表 3-4 我国男、女体型的中间体设置 单位：cm

体型代号		Y	A	B	C
男子	身高	170	170	170	170
	胸围	88	88	92	96
女子	身高	160	160	160	160
	胸围	84	84	88	88

四、号型表示

号型表示方法为：号、型之间用斜线分开或横线连接，后接体型分类代号，即号 / 型体型组别。例如：160/84A、160/80B，其中 160 表示身高为 160cm，84 表示净胸围为 84cm，A 表示体型代号，即人体胸腰围差的分类代号（女子为 18 ~ 14cm）。

套装系列服装，上、下装必须分别标有号型标志。由于儿童不分体型，因此童装号型标志不带体型分类代号。

五、号型系列

号型系列是指人体的号和型按照档差进行有规则的增减排列。

国家标准中规定成人上装采用 5 · 4 系列（身高以 5cm 分档，胸围以 4cm 分档），成人下装采用 5 · 4 或 5 · 2 系列（身高以 5cm 分档，腰围以 4cm 或 2cm 分档）。

在上、下装配套时，上装可以在系列表中按需选一档胸围尺寸，下装可按需选用一档腰围尺寸，也可按系列表选两档或以上腰围尺寸。

例如：男子号型 170/88A，其净体胸围为 88cm，由于是 A 体型，它的胸腰围差为 16 ~ 12cm，腰围尺寸应是 72 ~ 76cm。如果选用分档数为 2cm，那么可以选用的腰围尺寸为 72cm、74cm、76cm 这 3 个尺寸。如果为上、下装配套，可以根据 88A 型在上述 3 个腰围尺寸中任选。表 3-5 为男子 A 体型胸围、腰围、臀围的配套规格。

表 3-5　男子 A 体型胸围、腰围、臀围的配套规格　　单位：cm

胸　围	腰　围	臀　围	胸　围	腰　围	臀　围
72	56	75.6	88	72	88.4
	58	77.2		74	90
	60	78.8		76	91.6
76	60	78.8	92	76	91.6
	62	80.4		78	93.2
	64	82		80	94.8
80	64	82	96	80	94.8
	66	83.6		82	96.4
	68	85.2		84	98
84	68	85.2	100	84	98
	70	86.8		86	99.6
	72	88.4		88	101.2

儿童服装号型系列按身高划为两段制。

一段是身高 80 ~ 130cm 的儿童，身高以 10cm 分档，胸围以 4cm 分档，腰围以 3cm 分档，组成上装 10 · 4 号型系列，下装 10 · 3 号型系列。

另一段是身高 135 ~ 160cm 的儿童，身高以 5cm 分档，胸围以 4cm 分档，腰围以 3cm 分档，分别组成上装 5 · 4 号型系列和下装 5 · 3 号型系列。

例如：上装 56 型适用于净胸围在 54 ~ 58cm 的儿童，60 型适用于净胸围在 58 ~ 62cm 的儿童。

例如：女童下装 52 型适用于腰围在 51 ~ 53cm 的儿童，男童下装 57 型适用于腰围在 56 ~ 58cm 的儿童。

国家标准在设置号型时，各体型的覆盖率即人口比例大于等于 3‰时就设置号型。但也存在这样的情况，有些号型比例虽小（没有达到 3‰），但具有一定的代表性。所以在设置号型系列时，增设了一些比例虽小但具有一定实际意义的号型，使得系列表更加完整，更加切合实际。实际验证表明，经调整后的服装号型覆盖率，男子达到 96.15%，女子达到 94.72%，总群体覆盖率为 95.44%。表 3-6 为全国成年 Y 体型男子上装号型覆盖率。

表 3-6　全国成年 Y 体型男子上装号型覆盖率　　单位：%

胸围/cm	身高/cm						
	155	160	165	170	175	180	185
76		0.74	0.95	0.57			
80	0.67	2.47	4.23	3.38	1.26		
84	0.77	3.78	8.57	9.08	4.48	1.03	
88	0.41	2.63	7.92	11.11	7.27	2.22	
92		0.83	3.34	6.21	5.38	2.18	0.41
96			0.64	1.58	1.82	0.97	

假如全国成年男子中身高为 170cm、胸围为 92cm 的人体，在 100 个人中所占的比例为 20.98%，Y 体型的人体比例为 6.21%，用 20.98%×6.21%=1.3%，则在 100 个男子中，170/92Y 的人占 1.3%，也可认为在每 100 件服装中，号型是 170/92Y 规格的服装应配置 1.3 件。这对于生产厂家的组织生产有着普遍的指导意义。

六、号型的应用

在号型的实际应用中，首先要确定着装者属于哪一种体型，然后看其身高和净体胸围（腰围）是否和号型设置一致。如果一致则可对号入座，如果有差异则采用近距离靠拢法。

考虑到服装造型和穿着的习惯，某些矮胖和瘦长体型的人，可选大一档的号或大一档的型。

儿童正处于长身体阶段，特别是身高的增长速度大于胸围、腰围的增长速度，选择服装时，号可大一至两档，型可不动或大一档。对服装企业来说，在选择和应用号型系列时，应注意以下几点。

（1）必须从标准规定的各系列中选用适合本地区的号型系列。

（2）无论选用哪个系列，都必须考虑每个号型适应本地区的人口比例和市场需求情况，相应地安排生产数量。各体型人体的比例、各体型分地区的号型覆盖率可参考国家标准，同时也应生产一定比例的两头号型，以满足各部分人的穿着需求。

（3）标准中规定的号型不够用时，也可适当扩大号型设置范围。扩大号型设置范围时，应按各系列所规定的分档数和系列数进行。

七、号型的配置

对于服装企业来说，必须根据选定的中间体推出产品系列的规格表，这是对正规化生产的基本要求。产品规格的系列化设计，是生产技术管理的一项重要内容，产品的规格质量要通过生产技术管理来控制和保证。规格系列表中的号型，基本上能满足某一体型 90% 以上人们的需求，但在实际生产和销售中，受投产批量小、品种不同、服装款式或穿着对象不同等客观因素影响，往往不能或者不必全部完成规格系列表中的规格配置，而是选用其中的一部分规格进行生产，或选择部分热销的号型安排生产。在进行规格设计时，可根据规格系列表结合实际情况编制出生产所需要的号型配置。具体有以下几种配置方式。

（1）号和型同步配置：一个号与一个型搭配组合而成的服装规格，如 160/80、165/84、170/88、175/92、180/96。

（2）一号和多型配置：一个号与多个型搭配组合而成的服装规格，如 170/84、170/88、170/92、170/96。

（3）多号和一型配置：多个号与一个型搭配组合而成的服装规格，如 160/88、165/88、170/88、175/88。

在实际使用时，可根据地区人体体型特点或者产品特点，在服装规格系列表中选择好号和型的搭配。这对企业来说是至关重要的，因为它可以满足大部分消费者的需要，同时又可避免生产过量导致产品积压。另外对一些号型比例覆盖率比较小及一些特体服装的号型，可根据情况进行少量生产，以满足不同消费者的需求。

第五节　服装规格系列设计

国家服装号型规格的颁布与完善，给服装规格设计特别是成衣生产的规格设计提供了可靠的依据。但服装号型并不是现成的服装成品尺寸，它提供的是人体净体尺寸，成衣规格设计的任务就是以服装号型为依据，根据服装款式、体型等因素，加放不同的放松量来制订服装规格，以满足市场的需求。这就是贯彻服装号型标准的最终目的。

在进行成衣规格设计时，由于成衣是商品，成衣规格设计属于商品设计的一部分，和“量体裁衣”完全是两个概念，因此必须考虑到适应多数地区和多数人的体型和规格要求。个别人或部分人的体型规格要求，都不能作为成衣规格设计的依据，而只能作为一种信息和参考。成衣规格设计必须依据具体产品的款式和风格造型等特点要求，进行相应的规格设计。所以规格设计是反映产品特点的重要组成部分，同一号型的不同产品，可以有多种规格设计，具有鲜明的相对性和应变性。

一、规格设计的原则

在进行规格设计时，必须遵循以下原则。

（1）中间体不能变，要根据国家服装号型标准中已确定的男、女各类体型的中间体数值，不能自行更改。

（2）号型系列和分档数值不能变。

（3）控制部位不能变。

（4）放松量可以变。因为随着不同品种款式、面料、季节、地区以及穿着习惯和流行趋势的变化，放松量也会发生一定的变化，服装号型标准只是统一号型，而不是统一规格。

在号型标准中已规定男、女的号型系列是 5・4 系列和 5・2 系列两种，不能自定其他系列。号型系列一经确定，服装各部位的分档数值也就相应确定了，不能任意变动。下面给出号型标准中男、女 A 体型控制部位的分档值及体型号型系列表，如表 3-7 和表 3-8 所示。其他男、女体型号型系列可参照国家标准 GB/T 1335—2008。

表 3-7　男装 5・4 号型系列　　单位：cm

A																					
身高 / 腰围 / 胸围	155			160			165			170			175			180			185		
72				56	56	60	56	58	60												
76	60	62	64	60	62	64	60	62	64	60	62	64									
80	64	66	68	64	66	68	64	66	68	64	66	68	64	66	68						
84	68	72	72	68	70	72	68	70	72	68	70	72	68	70	72	68	70	72			
88	72	74	76	72	74	76	72	74	76	72	74	76	72	74	76	72	74	76	72	74	76
92				76	78	80	76	78	80	76	78	80	76	78	80	76	78	80	76	78	80
96							80	82	84	80	82	84	80	82	84	80	82	84	80	82	84
100										84	86	88	84	86	88	84	86	88	84	86	88

表 3-8　女装 5・4 号型系列　　单位：cm

A																					
身高 / 腰围 / 胸围	145			150			155			160			165			170			175		
72				54	56	58	54	56	58	54	56	58									
76	58	60	62	58	60	62	58	60	62	58	60	62	58	60	62						
80	62	64	66	62	64	66	62	64	66	62	64	66	62	66	66	62	64	66			
84	66	78	70	66	68	70	66	68	70	66	68	70	66	70	70	66	68	70	66	68	70

续表

A																					
身高 / 腰围 / 胸围	145			150			155			160			165			170			175		
88	70	72	74	70	72	74	70	72	74	70	72	74	70	74	74	70	72	74	70	72	74
92				74	76	78	74	76	78	74	76	78	74	76	78	74	76	78	74	76	78
96							78	80	82	78	80	82	78	80	82	78	80	82	78	80	82

二、中间体规格设计

中间体服装规格设计方法如下。

第一种，按款式效果图（设计图）中人体各部位与衣服间的比例关系进行设计，这种方法注重款式造型的审视。

第二种，将设计的产品与生产的产品（资料）进行对比、参照，但由于参照物的不同，其具体方法也有所不同。

（一）按头身比设计

将人体按正常的比例分成 7.3 个头长，按标准体 160cm 计算，则头长=22cm，按此头长分别对效果图中的衣服所占的头长数进行换算，可大体得到服装各部位的长、宽规格。

（二）按与人体腰围（WL）线的相互关系设计

将效果图中人体 WL 线标出，由于效果图的夸张是在 WL 线以下部位进行，而 WL 线以上部位仍保持真实情况，故袖窿深、领止点、袖长、衣长（应考虑减去 WL 线以下夸张的部分）等部位都可参照 WL 线，按各部位与 WL 线的相互关系进行计算。这种方法较合理，且能直接应用设计图中的款式造型进行分析，使所得规格较准确。

（三）按与身高（h）、净胸围（B）的相互关系设计

在实际生产中，成衣规格更多的是以身高（h）、净胸围（B）为依据，以效果图（设计图）的轮廓造型进行模糊判断，采用控制部位数值的比例数加放一定放松量来确定的。

各细部规格按下述公式计算。

1. 上装

$$\text{衣长（L）}=\begin{cases}0.4h+a\text{（短上衣）}\\0.5h+a\text{（中长上衣）}\\0.6h+a\text{（长上衣）}\end{cases}\quad\text{（a 为常数，视具体效果增减）}$$

$$\text{前腰节长（FWL）}=\begin{cases}0.25h\text{（女体）}\pm b\\ 0.25h+2cm\text{（男体）}\pm b\end{cases}\quad\text{（b 为常数，视具体效果增减）}$$

$$\text{袖窿深}=0.2B+3cm+\begin{cases}1\sim 2cm\text{（贴体）}\\ 2\sim 3cm\text{（较贴体）}\\ 3\sim 4cm\text{（较宽松）}\\ >4cm\text{（宽松）}\end{cases}$$

$$\text{袖长（SL）}=\begin{cases}0.3h+(7\sim 8)cm\text{（夏）+垫肩厚}\\ 0.3h+(9\sim 10)cm\text{（秋）+垫肩厚}\\ 0.3h+(11\sim 12)cm\text{（冬）+垫肩厚}\end{cases}$$

$$\text{胸围（B）}=(B^{*}+\text{内衣厚度})+\begin{cases}\text{女装} & \text{男装} & \\ 0\sim 10cm & 0\sim 12cm & \text{（贴体风格）}\\ 10\sim 15cm & 12\sim 18cm & \text{（较贴体风格）}\\ 15\sim 20cm & 18\sim 25cm & \text{（较宽松风格）}\\ \geqslant 20cm & \geqslant 25cm & \text{（宽松风格）}\end{cases}$$

$$\text{腰围（W）}=\begin{cases}B-(0\sim 6)cm\text{（宽腰）}\\ B-(6\sim 12)cm\text{（稍收腰）}\\ B-(12\sim 18)cm\text{（卡腰）}\\ B-\geqslant 18cm\text{（极卡腰）}\end{cases}$$

$$\text{臀围（H）}=\begin{cases}B-2cm\text{（T 型）}\\ B+(0\sim 2)cm\text{（H 型）}\\ B+\geqslant 3cm\text{（A 型）}\end{cases}$$

$$\text{领围（N）}=\begin{cases}0.2(B^{*}+\text{内衣厚度})+(19\sim 25)cm\text{（女装）}\\ 0.25(B^{*}+\text{内衣厚度})+(15\sim 20)cm\text{（男装）}\end{cases}$$

$$\text{H 型肩宽（S）}=\begin{cases}\text{女装}\begin{cases}0.25B+(13\sim 14)cm\text{（宽松风格）}\\ 0.25B+(14\sim 15)cm\text{（较宽松）}\\ 0.25B+(15\sim 16)cm\text{（较贴体风格、贴体风格）}\end{cases}\\ \text{男装}\begin{cases}0.3B+(11\sim 12)cm\text{（宽松风格）}\\ 0.3B+(12\sim 13)cm\text{（较宽松、较贴体风格）}\\ 0.3B+(13\sim 14)cm\text{（贴体风格）}\end{cases}\end{cases}$$

$$袖口（CW）=0.1（B^{*}+内衣厚度）+\begin{cases}0\sim2cm（紧袖口）\\5\sim6cm（较宽袖口）\\\geqslant7cm（宽袖口）\end{cases}$$

2. 裙装、裤装

$$裤长（TL）=\begin{cases}0.3h-a（短裤）（a为常数，视款式而定）\\0.3h+a\sim0.6h-b（中裤）（a、b视款式而定）\\0.6h+（0\sim2）cm（长裤）\end{cases}$$

$$上裆（BR）=0.1TL+0.1H+(8\sim10)cm$$

$$或\quad 0.25H+(3\sim5)cm（含腰宽3cm）$$

$$腰围（W）=W^{*}+(0\sim2)cm$$

$$臀围（H）=H^{*}+\begin{cases}0\sim6cm（贴体）\\6\sim12cm（较贴体）\\12\sim18cm（较宽松）\\18cm（宽松）\end{cases}$$

$$脚口（SB）=0.2H\pm b\quad（b为常数，视款式而定）$$

三、服装规格系列

在确定中间体规格的基础上，可以以中间体为中心，按各部位分档数值，上下或左右依次递增或递减组成规格系列。表3-9所示为男毛呢西服规格系列。

表3-9　5·4系列A号型男毛呢西服规格系列　　单位：cm

号型 / 规格 / 部位			72	76	80	84	88	92	96	100
胸围			90	94	98	102	106	110	114	118
总肩宽			39.8	41	42.2	43.4	44.6	45.8	47	48.2
号	155	衣长		68	68	68	68			
		袖长		54.5	54.5	54.5	54.5			
	160	衣长	70	70	70	70	70	70		
		袖长	56	56	56	56	56	56		
	165	衣长	72	72	72	72	72	72	72	
		袖长	57.5	57.5	57.5	57.5	57.5	57.5	57.5	
	170	衣长		74	74	74	74	74	74	74
		袖长		59	59	59	59	59	59	59

续表

部位 \ 规格 \ 号型			72	76	80	84	88	92	96	100
号	175	衣长			76	76	76	76	76	76
		袖长			60.5	60.5	60.5	60.5	60.5	60.5
	180	衣长				78	78	78	78	78
		袖长				62	62	62	62	62
	185	衣长					80	80	80	80
		袖长					63.5	63.5	63.5	63.5
备注										

第四章
原　型

原型是指人体体表各部位形状展示的平面图形，也就是人体造型的平面体现，它构成了人体各部位比例关系的平面数据。服装原型是研究服装与人体相互关系的依据，是服装设计师必须掌握的基本知识。原型设计是服装结构设计的基础，如果对原型不了解，或掌握得不够熟练，都会影响到结构设计的准确性与规范性。

服装原型研究以国家标准《女子服装号型》（GB/T 1335.2—2008）160/84A 标准女体为基础研究对象，以半紧身合体女装上衣原型制版方法为研究重点，通过标准人体测量方法对实验对象进行测量，建立人体测量数据库。

第一节　女装实用原型

对原型的学习要通过原型展示进行，这样才能直观看到立体形状到平面原型图的变化关系，也才能更容易理解原型知识。在掌握原型的基础上，再根据人体活动规律和服装款式的具体要求，适当地增加放松量，才能设计出结构合理、造型美观、穿着舒适的服装。

一、原型的取得

原型的取得方法需要有一定的科学性与规范性。从结构设计规律来看，原型的取得方法可以遵循由立体到平面，再由平面到立体这个基本规律。

（一）裱塑法

裱塑法是将纸或其他材料裱糊在人体模型架上，待干了以后再将立体纸型（或其他材料制作的造型）按照服装结构的要求剪开并且进行平面展示，这样就可以得到服装原型了（图 4-1）。

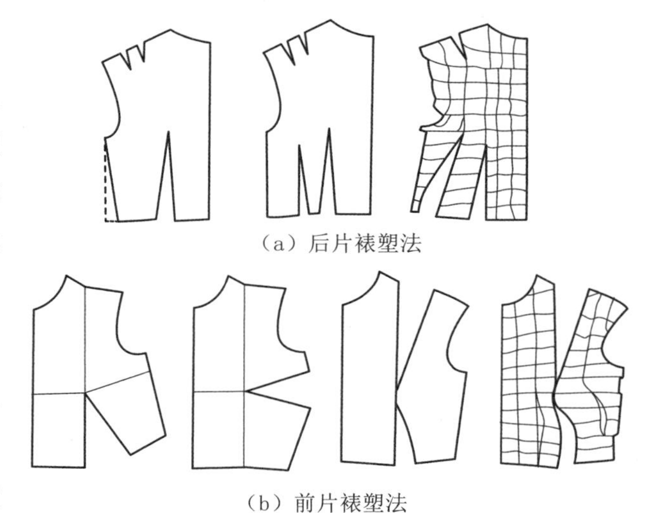

图 4-1　裱塑法原型展开图图示

（二）布塑法

布塑法是用面料在人体模型上贴身塑型，找到一些基准点、线，如颈围、腰围、胸围、腕围、袖窿、颈椎点、领窝点、肩中线、乳峰点、侧缝线、肩颈点等，然后画好点、线，并将多余的部分用线缝好做出标记，最后取下作平面展开制成服装原型（图 4-2）。

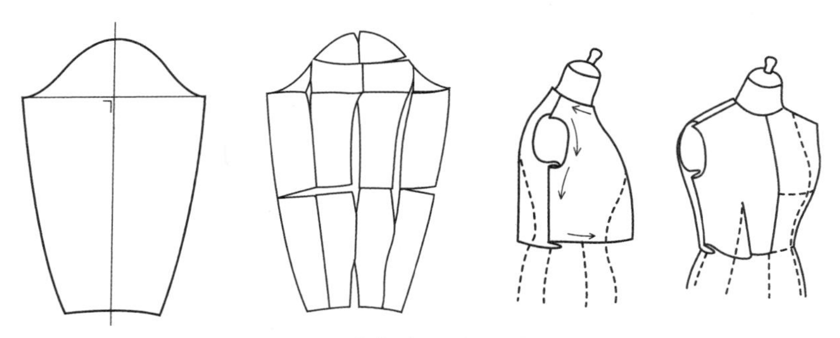

图 4-2 布塑法原型展开图图示

二、女装实用原型结构设计图解

（一）女装实用原型衣片结构设计

女装实用原型衣片结构设计图解如图 4-3 和图 4-4 所示。

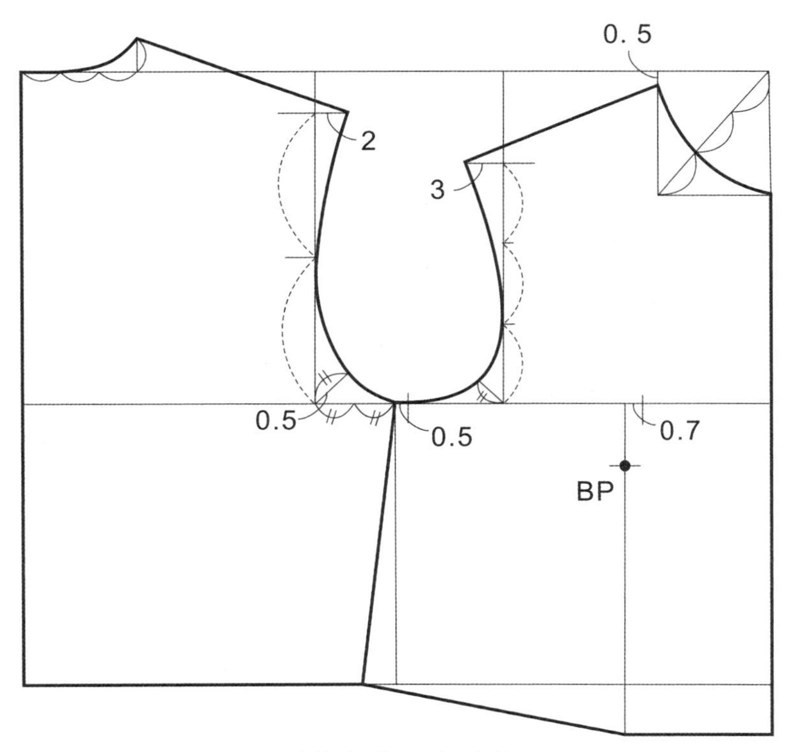

B=净胸围+约 12（放松量）

总肩宽=2/B-8（7 ～ 11）

图 4-3 女装实用原型衣片结构设计图解一（单位：cm）

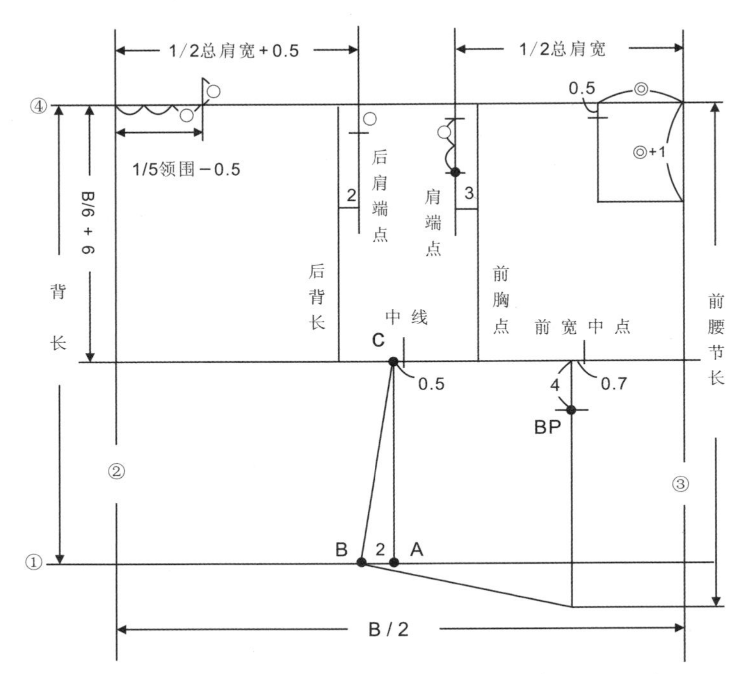

图 4-4　女装实用原型衣片结构设计图解二（单位：cm）

女装实用原型一片袖结构设计图解如图 4-5 所示。

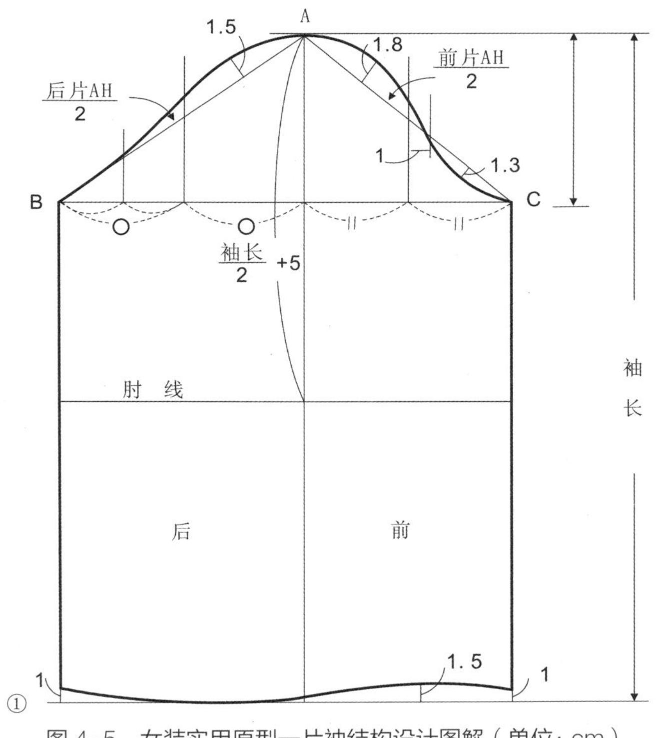

图 4-5　女装实用原型一片袖结构设计图解（单位：cm）

女装实用原型原装袖结构设计图解如图 4-6 所示。

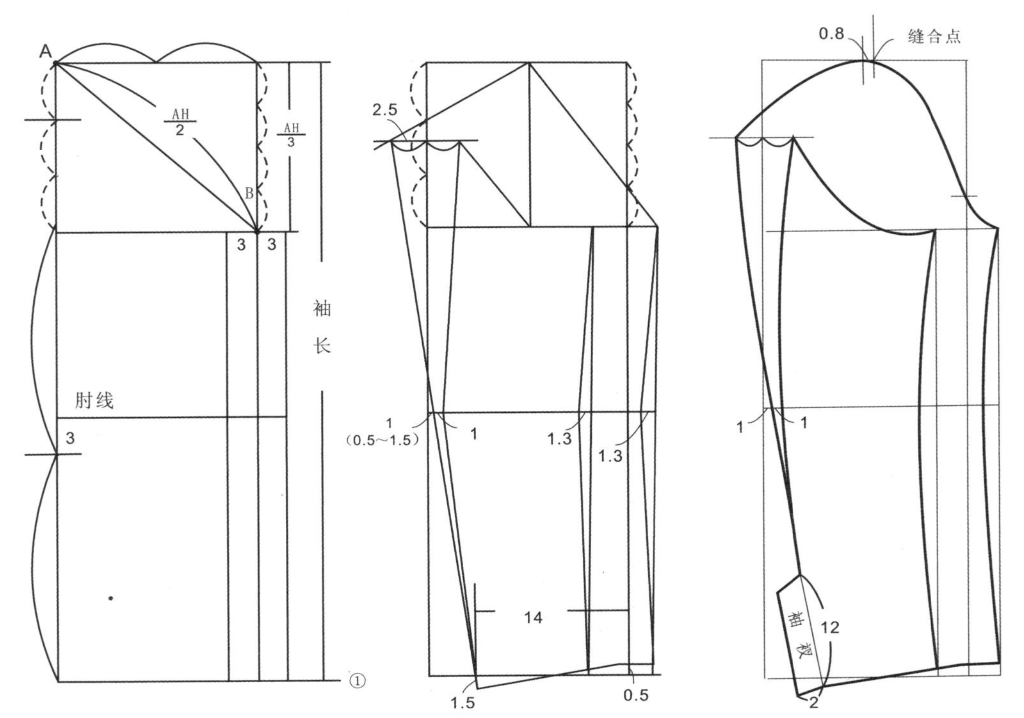

图 4-6 女装实用原型原装袖结构设计图解（单位：cm）

（二）制图说明

1. 衣片（图 4-4）

（1）画基础线：在画纸下方画一条水平线①作为基础线。

（2）画背中线：在基础线的左侧画一条垂直线②作为背中线。

（3）画前中线：自背中线向右量 B/2 画垂直线③确定前中线。

（4）确定背长：根据背长的数值自基础线在背中线上画出背长。

（5）画上平线：以背长线顶点为基点画一条平行线④作为上平线。

（6）确定前腰节长：自上平线④向下量至前腰节数值。

（7）确定袖窿深：自上平线④向下量，袖窿深=B/6+6cm（约）。

（8）画后领口：后领口宽=1/5 领围−0.5cm，后领口深=1/3 领宽（或定数 2.5cm）。

（9）确定前片肩端点：前落肩=2/3 领宽+0.5cm（或=B/20+0.5cm，也可以用定数 5.5cm，还可以用肩斜度 20° 来确定）。左右位置是自前中线向侧缝方向量 1/2 肩宽。

（10）确定后片肩端点：后落肩=2/3 领宽（或=B/20，也可以用定数 5cm，还可以用肩斜度来确定，落肩 17° ）。左右即横向位置是自背中线向侧缝方向量 1/2 肩宽+0.5cm，然后画垂直线，该线与落肩线的交点即肩端点。

（11）确定前胸宽：前肩端点向前中线方向平移约 3cm 画垂直线即前胸宽线。

（12）确定后背宽：后片肩端点向背中线方向平移约 2cm 画垂直线即后背宽线。后背宽一般要比前胸宽大约 1cm。

（13）确定 BP 点：前胸宽中点向侧缝方向平移约 0.7cm 画垂直线，该线通过袖窿深线向下量约 4cm 即 BP 点。

（14）画斜侧缝线（也叫摆缝线）：在 B/2 中点（在袖窿深线上）向背中线方向移 0.5cm 定 C 点，再以 C 点为基础画垂直线交于腰节线 A 点，A 点再向后背方向平移 2cm 确定 B 点，最后连接 CB。

（15）画前领口：领宽=1/5 领围−0.5cm，领深=1/5 领围+0.5cm，然后画顺领口弧线。当画好领口弧线时，实测领口弧线的长度（包括后领口长）是否与领围的数值吻合，必要时可适当调整。

（16）画袖窿弧线：要求画顺弧线，弧线造型要标准，要符合人体造型。辅助点和线只是作为画弧线时的参考，在具体制图时要以整体为主，做到局部服从整体。特别要考虑胸围、肩宽、前胸宽、后背宽等的数据协调关系。

（17）画前后腰节线。

2. 一片袖（图 4-5）

（1）画基础线：在画纸的下方画一条水平线①。

（2）确定袖长：自基础线向上垂直画袖长线。

（3）定袖山高：袖山高=1/3 袖窿长−2cm（0~4cm）。袖山高的大小直接决定着袖子的肥瘦变化，袖山越高袖根越窄，袖山越低袖根越肥。

（4）确定袖型的肥窄：一般当袖山高确定以后，袖型的肥窄也就确定了。袖山 AB（直线）=后片袖窿长，AC（直线）=前片袖窿长。

（5）确定袖肘线：在袖长的 1/2 处垂直向下移 5cm，然后画一条水平线。

（6）画袖口线：袖口的大小可根据需要而设定。

（7）画袖山弧线：参考辅助点线画顺弧线。

3. 二片袖（图 4-6）

（1）画基础线：在画纸的下方画一条水平线①。

（2）确定袖长：自基础线向上垂直画袖长线。

（3）确定袖山高：袖山高=1/3 袖窿长（参考值）。袖山高的大小直接决定着袖子的肥瘦变化，袖山越高袖根越窄，袖山越低袖根越肥。

（4）确定袖型的肥窄：一般当袖山高确定以后，袖型的肥窄也就确定了，袖山斜线AB=1/2 袖窿长，B 点自然确定，再以 B 点为中心向左右各平移 3cm 画垂直线确定大小袖片的宽度。

（5）确定袖肘线：自袖山底线至袖口线的 1/2 处向上移 3cm 画水平线（也可在袖长的 1/2 处垂直向下移 5cm，然后画一条水平线来确定）。

（6）画袖山弧线的辅助点线。

（7）画袖衩：画袖衩长 12cm，宽 2cm。

（8）画袖山弧线：参考辅助点线画顺弧线。画好袖山弧线后请实测一下袖山弧线的长度，检验与袖窿弧线的数据关系，必要时可做适当调整。

三、省道的取得与变化

人体并非一个简单的圆柱体，而是一个复杂而微妙的立体形态，要使服装美观合体，就必须研究服装结构变化的处理方法。女装原型前片结构为符合女性体型特有的胸部隆起的造型，必须有规则地去掉多余的量，进行科学的结构分解。通过对原型旋转、剪切、折叠等变形方法，采用省道、褶裥、抽褶、分割连省成缝等方式，进行一定的结构处理，塑造出美观贴体的服装结构，使得女装原型能充分地展示出女性的风姿，突出女性优美的曲线。所以，服装结构不仅要实用，而且要考虑造型的艺术视觉效果，这就要求设计师设计出正确、合理的省道。

原型前片和后片的腰围线放在水平线上比较一下，前片侧缝要比后片侧缝长出许多，这个长出的差数一般就是省道的份量。因此，胸高隆起越大，后腰节长与前腰节长的差数就越大，理论上省道的量也就应该越大。相反，胸高隆起越小，后腰节长与前腰节长的差数就越小，理论上省道的量也就应该越小。

（一）前片省道的取得方法

1. 转合法

先将原型样板在平面上放好（前中线朝右方向放置），然后以 BP 点为中点（不动点）让样板自右向左（肩颈点向肩端点方向移动）转动至斜腰线成为平行线止，最后在外形线找准一点移动的量即省道，如图 4-7 和图 4-8 所示。

2. 剪接法

首先根据前后片侧缝线长度的差数设计出腋下省（前片基础省道），然后将此省剪开并去掉省量，再用合拼此省的方法来求出其他省份。这是用量的转换原理来求得省道的基本方法，如图 4-9 所示。

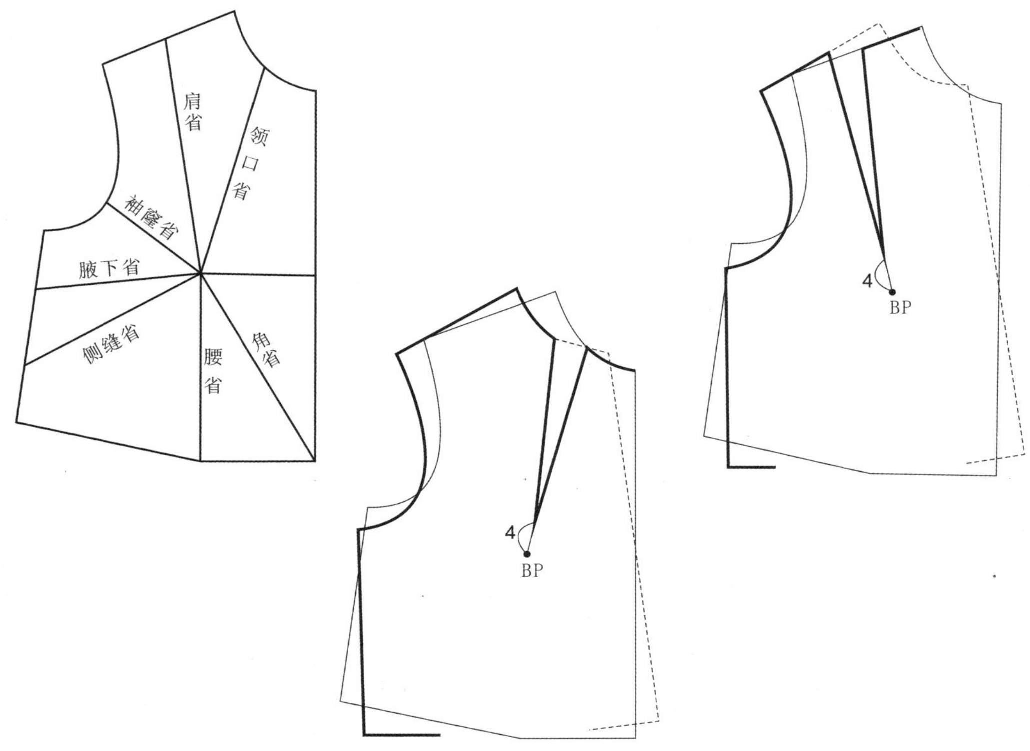

图 4-7　转合法省道的取得图解一（单位：cm）

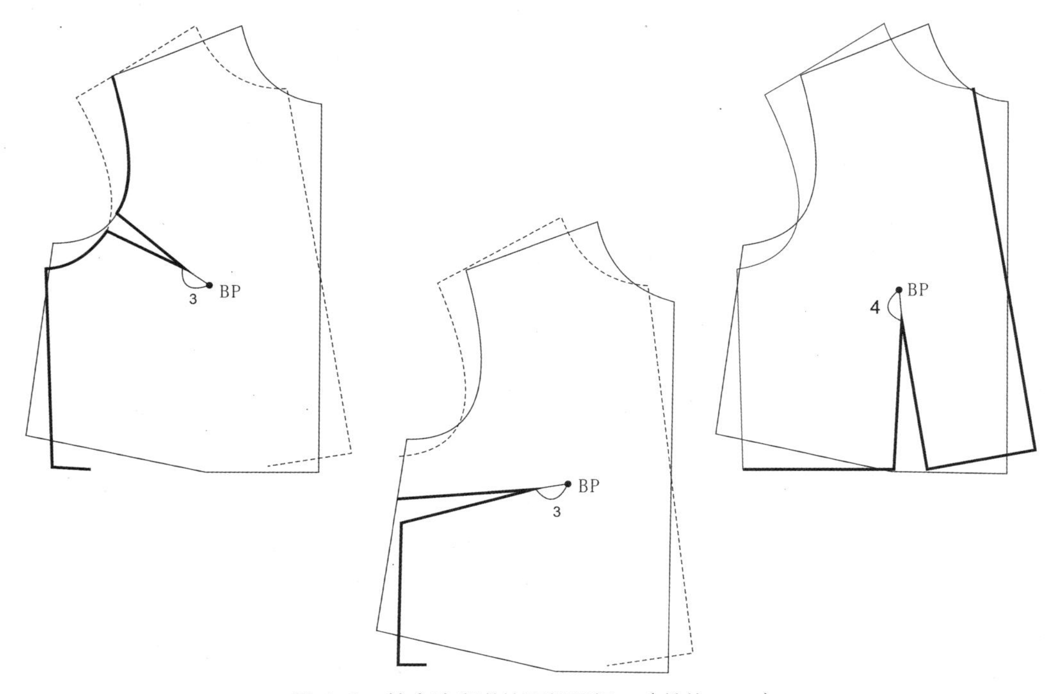

图 4-8　转合法省道的取得图解二（单位：cm）

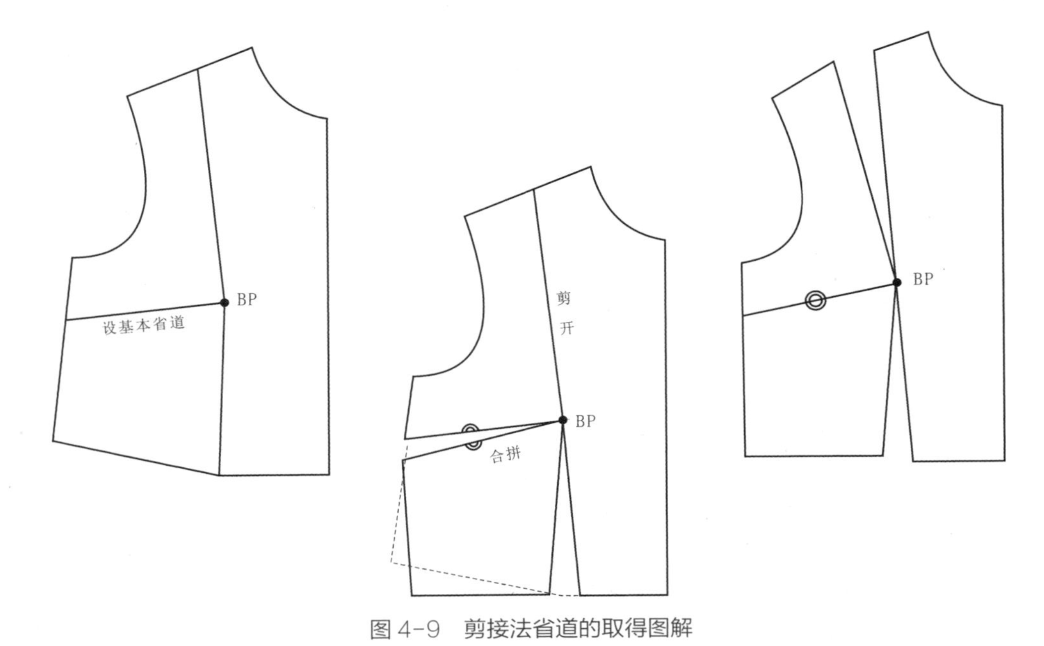

图 4-9 剪接法省道的取得图解

3. 直收法

设计师根据自己对结构知识的掌握与理解，可以在结构设计的过程中直接设计出所需的省道。直收法要求设计师必须有扎实的结构设计知识和丰富的制版经验。

（二）后片肩省的取得

人体的背部也不是规则的平面，比较突出的是两个肩胛骨突点，这就要求在进行后片结构设计时必须考虑如何正确地设计后片肩省，使后片结构造型符合人体造型的需要。

1. 后片肩省的取得方法

图 4-10 和图 4-11 为后片肩省的取得图解。

2. 设计说明

（1）省的大小：省大定数为 1.5cm，省长定数为 8.5cm（女式 160/84A）。

（2）省的位置：自肩颈点沿着肩斜线侧移 4.5cm 确定一点，然后画斜线连接袖窿深线。

（3）落肩：落肩加大 0.7cm，因为缝合肩省后落肩将上提约 0.7cm。

（三）连衣裙省道分析

从连衣裙的造型上可以较为直接地看到女子胸围、腰围、臀围三围的数据比例关系，三围的数据比例对于正确设计女装各部位省道、把握服装整体结构设计都有着决定性的作用。无论是紧身贴体装还是宽松式休闲装，在进行结构设计时，都要求对三围的比例关系、数理概念有一定的掌握。例如，女子 160/84，三围参考值为：腰围 68cm，腰围 68cm+16cm=胸围 84cm，胸围 84cm+8cm=臀围 92cm。

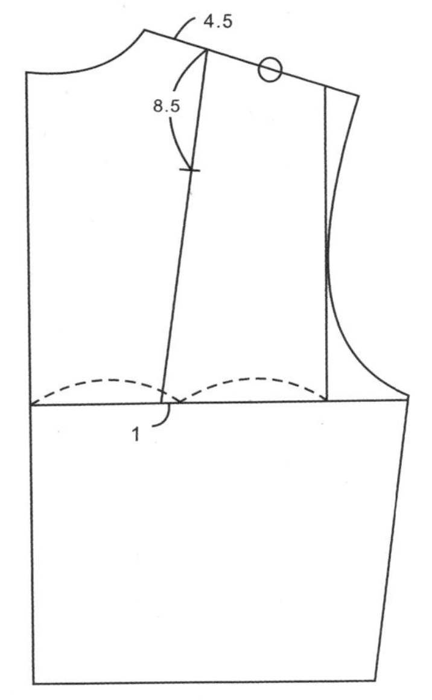

图 4-10　后片肩省的取得图解一（单位：cm）

图 4-11　后片肩省的取得图解二（单位：cm）

连衣裙省道平面分析图和连衣裙收省前后形态分析图如图 4-12 和图 4-13 所示。

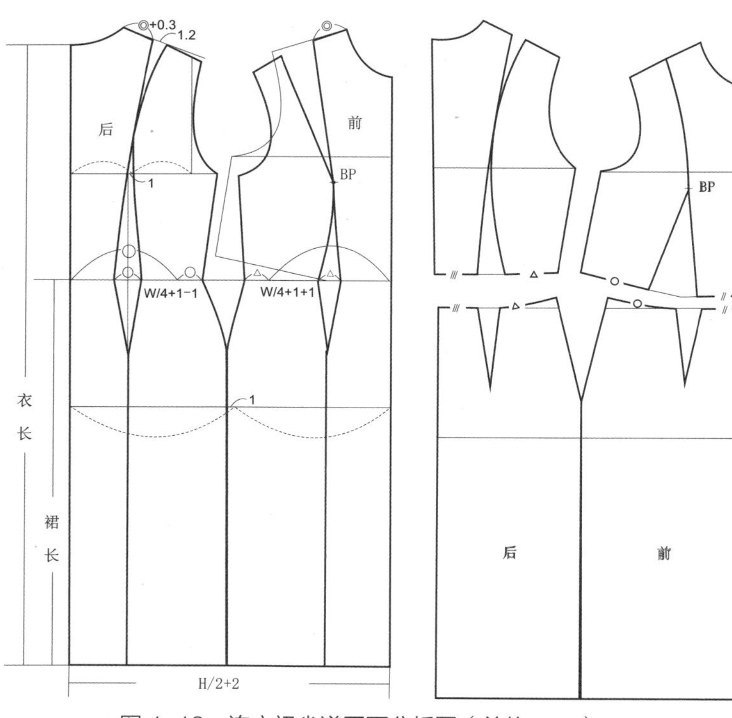

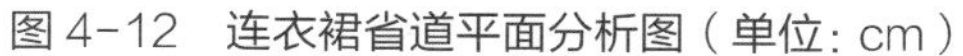

图 4-12　连衣裙省道平面分析图（单位：cm）

图 4-13　连衣裙收省前后形态分析图

四、女装部位加放尺寸参考

表 4-1 为女装部位加放尺寸参考。

表 4-1　女装部位加放尺寸参考　单位：cm

款式	长度标准		围度加放尺寸				测量基础	成品内可穿
	衣长	袖长	胸围	腰围	臀围	领围		
短袖衫	腕下3	肘上4	10～14		8～10	1.5～2.5	衬衫外量	汗衫
长袖衫	腕下5	腕下2	10～14		8～10	1.5～2.5	衬衫外量	汗衫
连衣裙	膝上3～膝下25	肘上4	6～9	4～8	7～10	2～3	衬衫外量	汗衫
旗袍	脚底上18～25	齐手腕	6～9	4～8	6～8	2～3	衬衫外量	汗衫
西服	腕下10	腕下2	12～16	10～12	10～13		衬衫外量	一件毛衣
两用衫	腕下8	腕下3	14～17		12～16	3～4	衬衫外量	毛衣及马甲各一件
短大衣	腕下15	齐虎口	23～28		20～24	4～6	一件毛衣外量	毛衣、马甲、两用衫
中大衣	膝上4	齐虎口	23～28		20～24	4～6	一件毛衣外量	毛衣、马甲、两用衫
长大衣	膝下20	齐虎口	23～28		20～24	4～6	一件毛衣外量	毛衣、马甲、两用衫
长裤	腰节上4～离地2		23～28	2～4	8～15		单裤	
中长裤	腰节～膝			2～4	8～15		单裤	
短裤	腰节～（臀围下15～26）			2～4	8～15		单裤	
长裙	腰节～离地			2～4	10～18			
中长裙	腰节～（膝上10～下10）			2～4	8～16			
超短裙	腰节～（臀围下20～30）			2～4	4～8			

第二节　男装实用原型

男性与女性的体型特征有着很大的差异，因而设计师要按男女各自的体型特征来设计不同的原型。通过对人体体型知识的学习了解，掌握男性、女性的体型特征并加以区分，为“量体裁衣”打下基础。

男女装原型最显著的区别在于女装原型主要考虑到女体胸部隆起，以 BP 点为基点设计出必要的省道，使得服装能准确地展现出女体胸部隆起，腰细、臀大、颈细的特点；而男体特点则是肩宽、臀小、腰节偏低、胸部肌肉发达、颈粗等，男装原型的设计就要与这些体型特征相吻合，表现出男子体型健壮魁梧之风貌。

男装实用原型在制图方位上，改变了我国服装行业男装采用以右部分制图的传统习惯，这样更符合国际男装成衣以左襟搭右襟的标准。

一、男装实用原型结构设计

（一）男装实用原型衣片结构设计图解

图 4-14 为男装实用原型衣片结构设计图解。

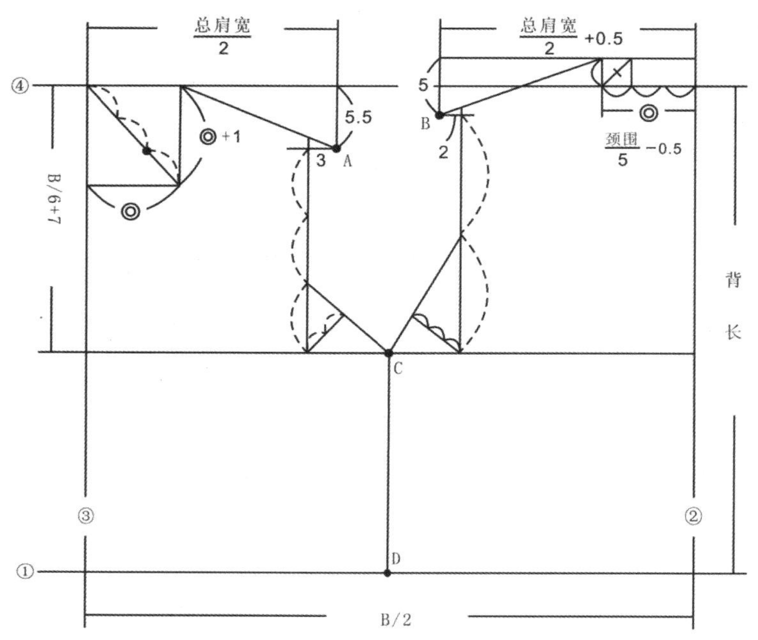

B=净胸围+约 14（放松量）

总肩宽=B/2-8

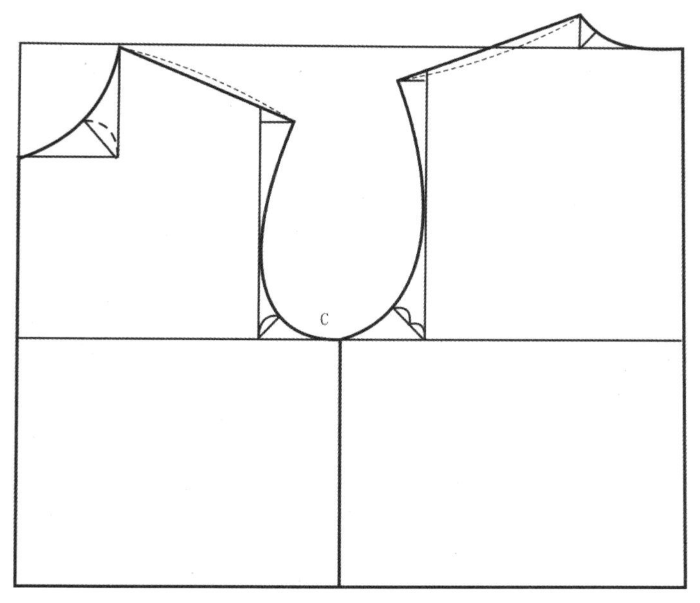

图 4-14　男装实用原型衣片结构设计图解（单位：cm）

（二）制图说明

1. 衣片（图 4–14）

（1）画基础线：在画纸下方画一条水平线①，然后以此线为基础线。

（2）画背中线：在基础线的左侧画一条垂直线②作为背中线。

（3）画前中线：自背中线向左量 1/2B 画垂直线③确定前中线。

（4）确定背长：根据背长的数值自基础线在背中线上画出背长。

（5）画上平线：以背长线顶点为基点画一条平行线④作为上平线。

（6）确定袖窿深：自上平线向下量，袖窿深=B/6+7cm（7 ~ 10cm）。

（7）画后领口：后领口宽=1/5 颈围−0.5cm，后领口深=1/3 领宽（或定数 2.5cm）。

（8）画前领口：前领深=1/5 领围+0.5cm，前领宽=1/5 领围−0.5cm，然后画顺领口弧线。当画好领口弧线时，实测领口弧线（包括后领口长）的长度是否与领围的数值相吻合，必要时可适当调整。

（9）确定前片肩端点：前落肩=约 5.5cm（或=B/20+0.5cm，也可以 2/3 领宽+0.5cm，还可以用肩斜度 19° 来确定）。左右位置是自前中线向侧缝方向量 1/2 肩宽确定 A 点。

（10）确定后片肩端点：后落肩=5cm（或=B/20，也可以 2/3 领宽，还可以用肩斜度 18° 来确定）。左右即横向位置是自背中线向侧缝方向量 1/2 肩宽+0.5cm，然后画垂直线，该垂直线与落肩线的交点 B 即肩端点。

（11）确定前胸宽：前肩端点向前中线方向平移约 3cm 画垂直线即前胸宽线。

（12）确定后背宽：后片肩端点向背中线方向平移约 2cm 画垂直线即后背宽线。后背宽一般要比前胸宽大约 1cm。

（13）画侧缝线（也叫摆缝线）：在 B/2 中点（袖窿深线上）画垂直线 CD。

（14）画顺领口弧线。

（15）画袖窿弧线：要求画顺弧线，弧线造型要标准，要符合人体造型。辅助点线只是作为画弧线时的参考，在具体制图时要以整体为主，局部服从整体。特别要考虑胸围、肩宽、前胸宽、后背宽等的数据协调关系。

（16）画腰节线。

2. 一片袖

请参阅女装原型一片袖的设计方法。

二、驳领式上衣原型结构设计

男驳领式上衣原型比较适合于男装外套，尤其是西装上衣，驳领领型款式服装，大衣、风衣、礼服、夹克服等。该原型的特点是根据人体的体型进行了撇胸、后背撇势等特别处理。这样的结构造型比较严谨，穿着者的感受及外形效果都比较理想。胸围线和腰围线的长短比例，在具体款式结构设计时可做灵活调整。

（一）男驳领式上衣原型衣片结构设计

1. 结构设计图解

图 4-15 为男驳领式上衣原型衣片结构设计图解，图 4-16 为男驳领式上衣叠门图示。

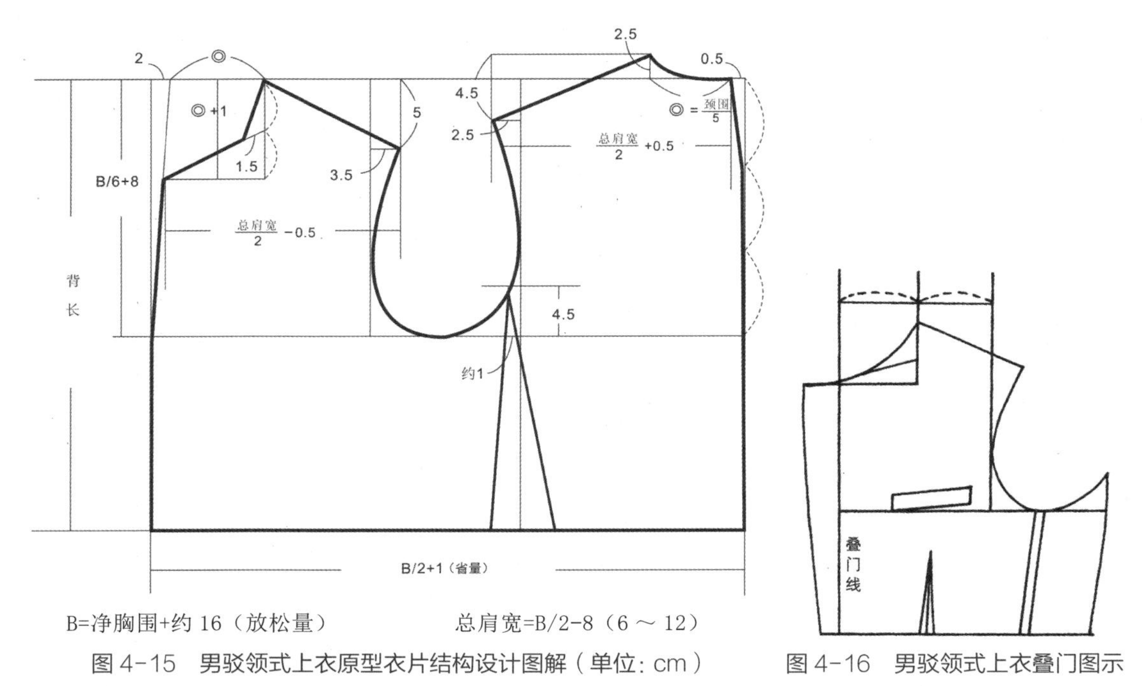

B=净胸围+约 16（放松量）　　总肩宽=B/2−8（6 ～ 12）

图 4-15　男驳领式上衣原型衣片结构设计图解（单位：cm）　　图 4-16　男驳领式上衣叠门图示

2. 制图说明（衣片）

（1）画基础线：在画纸下方画一条水平线，然后以此线为基础线。

（2）画背中线：在基础线的右侧画一条垂直线作为背中线。

（3）画前中线：自背中线向门襟方向量 B/2 画垂直线确定前中线。

（4）确定背长：根据背长的数值，自基础线在背中线上定出背长。

（5）画上平线：以背长线顶点为基点画一条平行线即作为上平线。

（6）确定袖窿深：自上平线向下量，袖窿深=B/6+8cm（7 ~ 10cm）。

（7）画前撇胸：上平线与前中线交点向袖窿方向平移 2cm 定一点，然后连接袖窿深线与前中线的交点，该斜线即撇胸线。撇胸线最后要用弧线画顺。

（8）画后片撇势：后中线与上平线的交点向袖窿方向平移 0.5cm 确定一点，然后该点连接上平线与袖窿深线的1/3处（在后中线上）画顺弧线。

（9）画后领口：后领口宽=1/5领围+0.6cm，后领口深=1/3领宽（或定数2.5cm）。

（10）画前领口：前领宽=1/5领围+0.6cm或1/2前胸宽−0.6cm，前领深可以根据缺嘴的高低需要而定。

（11）确定前片肩端点：前落肩=约5cm，或=B/20。左右位置是自前中线向侧缝方向量1/2肩宽+1.5cm。

（12）确定后片肩端点：后落肩=4.5cm，或=B/20−0.5cm，左右即横向位置是自背中线向侧缝方向量1/2肩宽+1cm，然后画垂直线，该线与落肩线的交点即肩端点。

（13）确定前胸宽：前肩端点向前中线方向平移约3.5cm画垂直线即前胸宽线。

（14）确定后背宽：后片肩端点向背中线方向平移约2.5cm画垂直线即后背宽线。后背宽一般要比前胸宽大约1cm。

（15）画袖窿弧线：要求画顺弧线，弧线造型要标准，要符合人体造型。辅助点线只是作为画弧线时的参考，在具体制图时要以整体为主，局部服从整体。特别要考虑胸围、肩宽、前胸宽、后背宽等的数据协调关系。

（16）分开前后片：自袖窿深线沿后背宽线上移4.5cm画水平线，得出与袖窿弧线的交点（翘点），然后以此点连接腰节线。

（17）画腰节线。

（二）男驳领式上衣原型袖片结构设计

1. 男驳领式上衣原装袖结构设计图解

图4-17为男驳领式上衣原装袖（二片袖）结构设计图解。

2. 制图说明（原装袖袖片）

（1）画基础线：在画纸的下方画一条水平线作为基础线。

（2）确定袖长：自基础线向上垂直画袖长线。

（3）确定袖山高：袖山高=1/3袖窿长（参考值）。袖山高的大小直接决定着袖子的肥瘦变化，袖山越高袖根越窄，袖山越低袖根越肥。

（4）确定袖肥：一般当袖山高确定以后，袖型的肥窄也就确定了。袖山斜线AB=1/2袖窿长+0.5cm，B点自然确定，再以B点为中心向左右各平移3cm，然后画垂直线确定大小袖片的宽度。

（5）确定袖肘线：自袖山底线至袖口线的1/2处向上3cm画水平线（也可在袖长的1/2处垂直向下移5cm，然后画一条水平线来确定）。

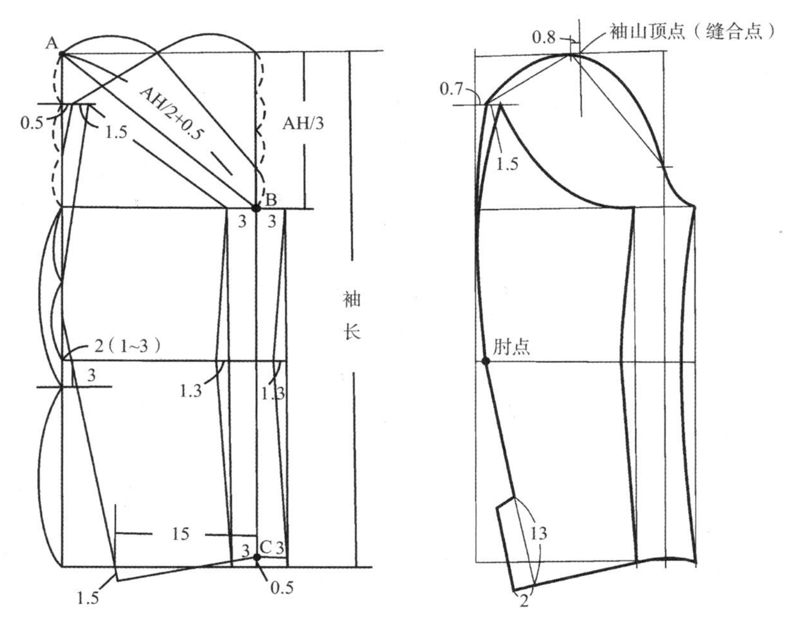

图 4-17 男驳领式上衣原装袖（二片袖）结构设计图解（单位：cm）

（6）画袖山弧线的辅助点线。

（7）画袖衩：袖衩长 13cm，宽 2cm。

（8）画袖山弧线：参考辅助点线画顺弧线，画好袖山弧线后请实测一下袖山弧线的长度，检验与袖窿弧线的数据关系，必要时可做适当调整。

三、男装部位加放尺寸

表 4-2 为男装部位加放尺寸参考。

表 4-2 男装部位加放尺寸参考　　单位：cm

款式	长度标准		围度加放尺寸				测量基础	成品内可穿
	衣长	袖长	胸围	腰围	臀围	领围		
短袖衬衫	腕下4	肘上7	18～22			1.5～2.5	衬衫外量	汗衫
长袖衬衫	腕下6	腕下3	18～22			1.5～2.5	衬衫外量	汗衫
西装	中指中节	腕下3	17～22				衬衫外量	衬衫、毛衣
两用衫	虎口下1	腕下3	19～23			4～5	衬衫外量	衬衫、毛衣
中山装	中指中节	腕下3	18～23			2～3	衬衫外量	衬衫、毛衣
短大衣	腕下15	齐虎口	26～33			5～7	一件毛衣外量	西服
中大衣	膝上4	齐虎口	26～33			5～7	一件毛衣外量	西服
长大衣	膝下25	齐虎口	26～33			5～7	一件毛衣外量	西服
长裤	腰节上3～离地2			1～4	9～15			
短裤	腰节～（膝上5～16）			1～4	9～15			

第三节 童装实用原型

根据不同的年龄及身高，儿童的服装结构要进行相应的调整。在进行童装原型结构设计时，设计师要充分考虑到儿童的体型特征：头大、躯干长、腿短，胸腰臀的差数比成人要小得多。设计师还要认真研究不同高度儿童的体型特征，只有这样认真地去研究、去理解，才能设计出准确合理的童装原型。图 4-18 所示为虎门杯童装设计作品。

图 4-18 虎门杯童装设计作品（杨妍）

一、童装原型结构设计

1. 结构设计图解

图 4-19 和图 4-20 为 3 ~ 10 岁童装原型结构设计图解。

2. 制图说明（图 4-19 和图 4-20）

（1）画基础线：在画纸下方画一条水平线，然后以此线为基础线。

（2）画背中线：在基础线的左侧画一条垂直线作为背中线。

（3）画前中线：自背中线向右量 B/2 画垂直线确定前中线。

（4）确定背长：根据背长的数值自基础线在背中线上画出背长。

（5）画上平线：以背长线顶点为基点画一条平行线作为上平线。

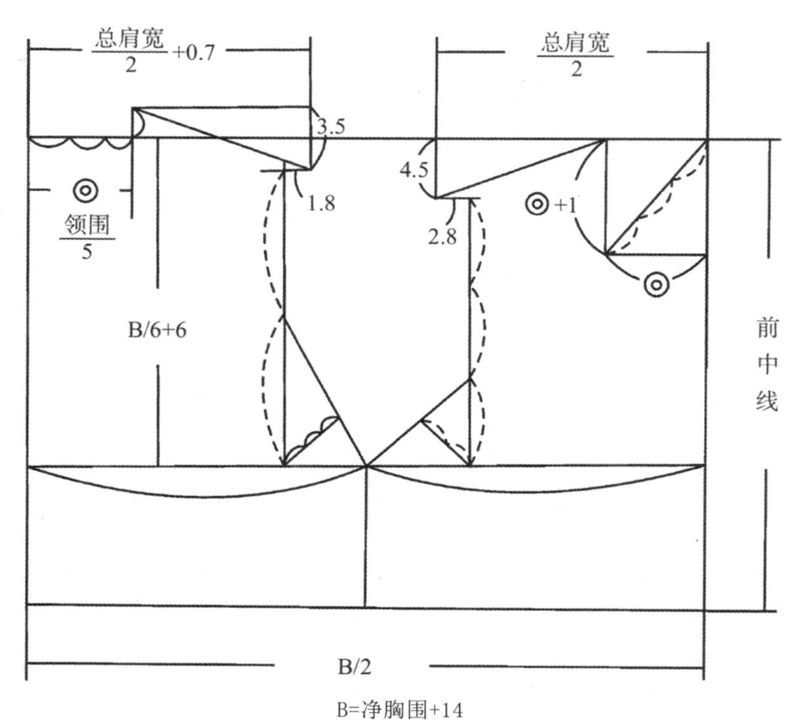

B=净胸围+14

总肩宽=B/2-5（4 ～ 7）

图 4-19　3~10 岁童装原型结构设计图解一（单位：cm）

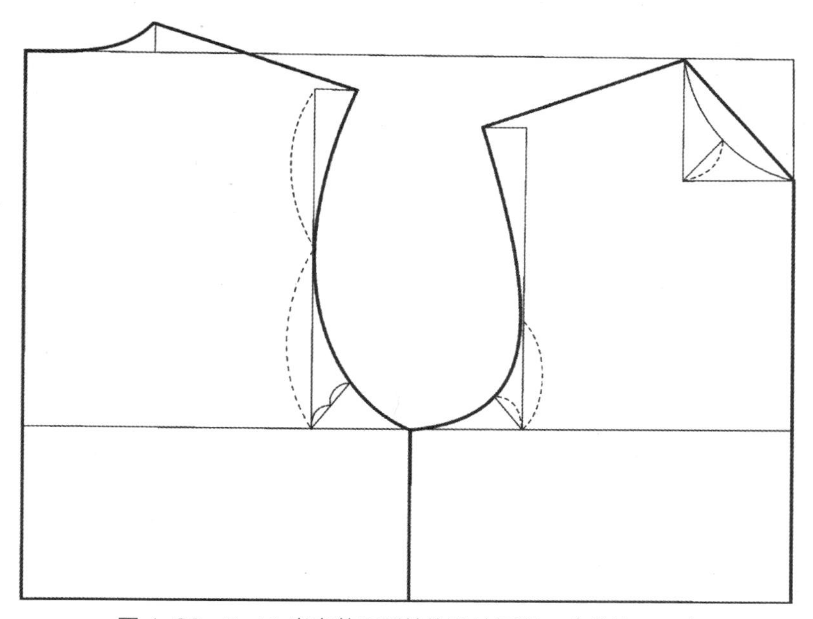

图 4-20　3~10 岁童装原型结构设计图解二（单位：cm）

（6）确定袖窿深：自上平线向下量，袖窿深=B/6+6cm（5~9cm）。

（7）画后领口：后领口宽=1/5 颈围−1cm，后领口深=1/3 领宽（或定数 2cm）。

（8）画前领口：前领深=1/5 领围+1cm，前领宽=1/5 领围。

（9）确定前片肩端点：前落肩=约 4.5cm，左右位置是自前中线向侧缝方向量 1/2 肩宽。

（10）确定后片肩端点：后落肩=约 3.5cm，左右即横向位置是自背中线向侧缝方向量 1/2 肩宽+0.7cm，然后画垂直线，该线与落肩线的交点即肩端点。

（11）确定前胸宽：前肩端点向前中线方向平移约 2.8cm 画垂直线即前胸宽线。

（12）确定后背宽：后片肩端点向背中线方向平移约 1.8cm 画垂直线即后背宽线。后背宽一般要比前胸宽大约 1cm。

（13）画侧缝线（也叫摆缝线）：在 B/2 中点（在袖窿深线上）画垂直线交于腰节线。

（14）画顺领口弧线。

（15）画袖窿弧线：要求画顺弧线，弧线造型要标准，要符合人体造型。辅助点线只是作为画弧线时的参考，在具体制图时要以整体为主，局部服从整体。特别要考虑胸围、肩宽、前胸宽、后背宽等的数据协调关系。

（16）画腰节线。

二、儿童量体数据参考值

（一）男童量体参考尺寸

表 4-3 为男童量体参考尺寸。

表 4-3 男童量体参考尺寸 单位：cm

型号	胸围	背长	手臂长	总肩宽	头围	腰围	臀围
80/50	50	19	24	24	48	48	50
88/52	52	20	27	25	50	50	52
96/54	54	22	30	26	52	52	54
104/56	56	24	33	27	53	54	58
112/58	58	26	36	28.5	53	56	60
120/62	62	28	39	30	54	58	62
128/66	66	30	42	31.5	54	60	66
136/70	70	32	45	33	55	62	70
144/74	74	34	48	34.5	55	64	74
152/78	78	36	51	36	56	65	78
160/82	82	39	54	38	56	66	82

（二）女童量体参考尺寸

表 4-4 为女童量体参考尺寸。

表 4-4　女童量体参考尺寸　　单位：cm

型号	胸围	背长	手臂长	总肩宽	头围	腰围	臀围
80/50	50	19	24	24	48	48	50
88/52	52	20	27	25	50	50	52
96/54	54	22	30	26	52	52	54
104/56	56	24	33	27	53	54	58
112/58	58	26	36	28.5	53	56	62
120/62	62	28	39	30	54	58	66
128/66	66	30	42	31.5	55	59	70
136/70	70	32	45	33	55	60	76
144/74	74	34	48	34.5	56	61	80
152/78	78	36	51	36	56	62	84

第四节　其他原型结构设计方法参考

服装原型结构设计方法很多，平面展开图形也各有特点。但是，无论采取哪种原型结构设计方法，其设计目的都是相同的，即设计出符合人体造型特点的平面展开结构图。

一方面，设计原型的出发点不同。如有的是为了研究内衣结构而设计的原型，有的是为了研究冬季外穿服装的造型而设计的外套原型等。

另一方面，人种与体型的不同。人种的不同往往意味着体型特征的不同，如白种人的体型特征与黄种人的体型特征就有着明显的差异，那么在进行原型结构设计时即使用相同的方法，最后的原型平面展开结构图效果之差异也是很大的。

服装原型结构，在不同的国家、不同的地域等都有着不同的设计方法。每个地区都需要研究本地区人们的体型特征，只有经过研究才能设计出符合本地区人们体型特征的原型结构。正是由于这些诸多的原因，我们才可以看到中国有中国人研究的服装原型结构设计法——比例分配法、基样法、短寸法等；日本有符合日本人体型特征的原型结构设计法——日本文化式原型法、日本登丽美式原型法等；美国有美式原型结构设计法、俄罗斯有俄式原型结构设计法等。

由于日本人与中国人的体型特征非常相似，所以我国部分服装院校曾经先后将日本文化式原型作为教材使用。原型结构设计方法主要包括以下八种。

一、文化式女装上衣原型结构设计

图 4-21 和图 4-22 分别为文化式女装上衣原型衣片和衣袖结构设计图解。

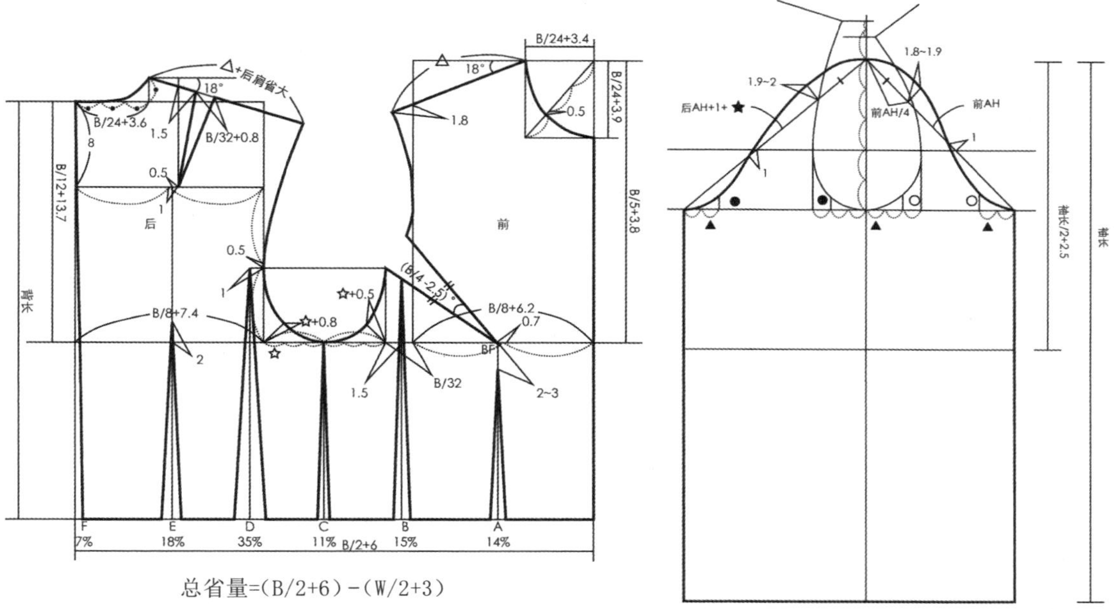

图 4-21　文化式女装上衣原型衣片结构设计图解（单位：cm）

图 4-22　文化式女装上衣原型衣袖结构设计图解（单位：cm）

二、基样式女装上衣原型结构设计

图 4-23 和图 4-24 分别为基样式女装上衣原型结构设计图解。

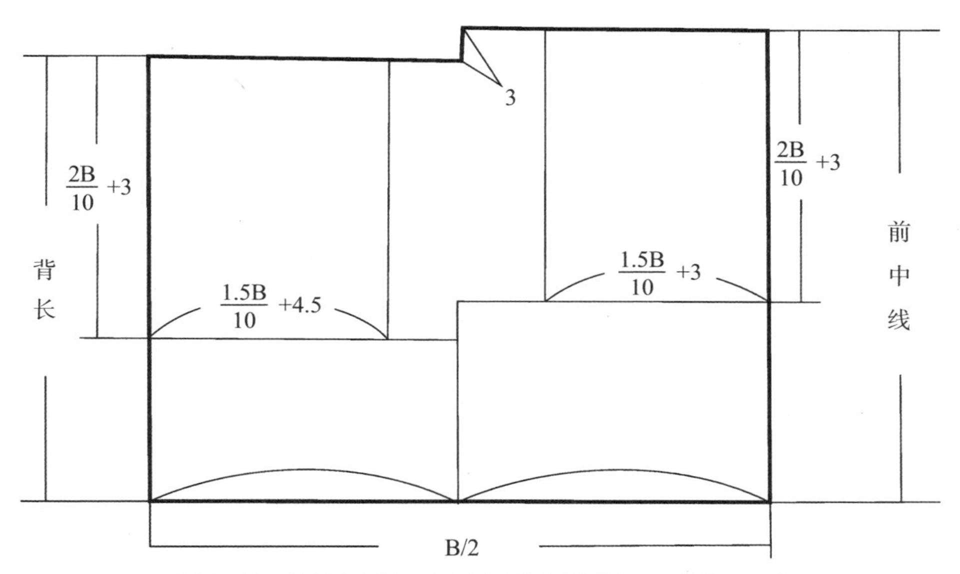

图 4-23　基样式女装上衣原型结构设计图解一（单位：cm）

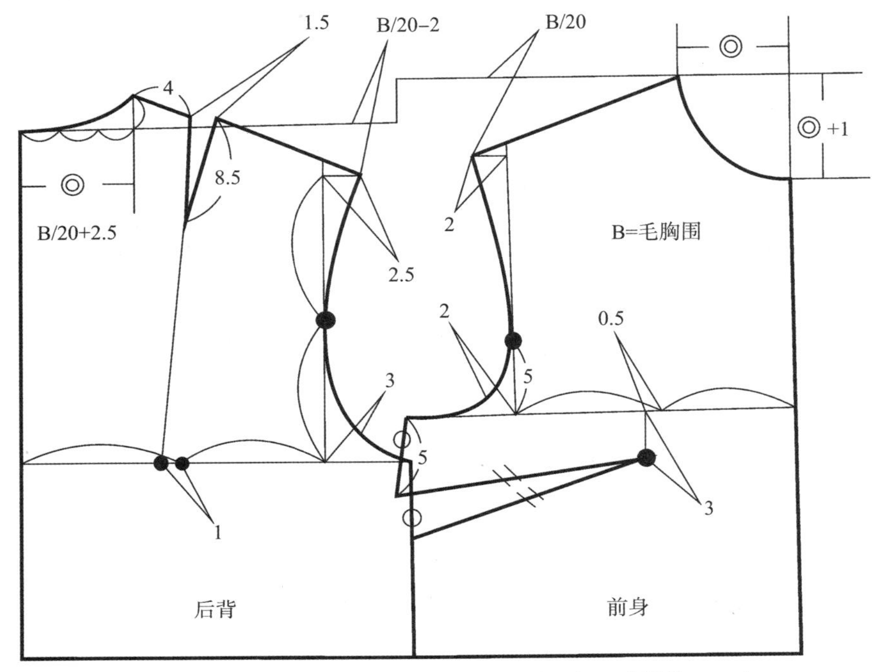

图 4-24 基样式女装上衣原型结构设计图解二（单位：cm）

三、胸度式男外套原型结构设计

图 4-25 和图 4-26 分别为胸度式男外套原型衣片和袖片结构设计图解。

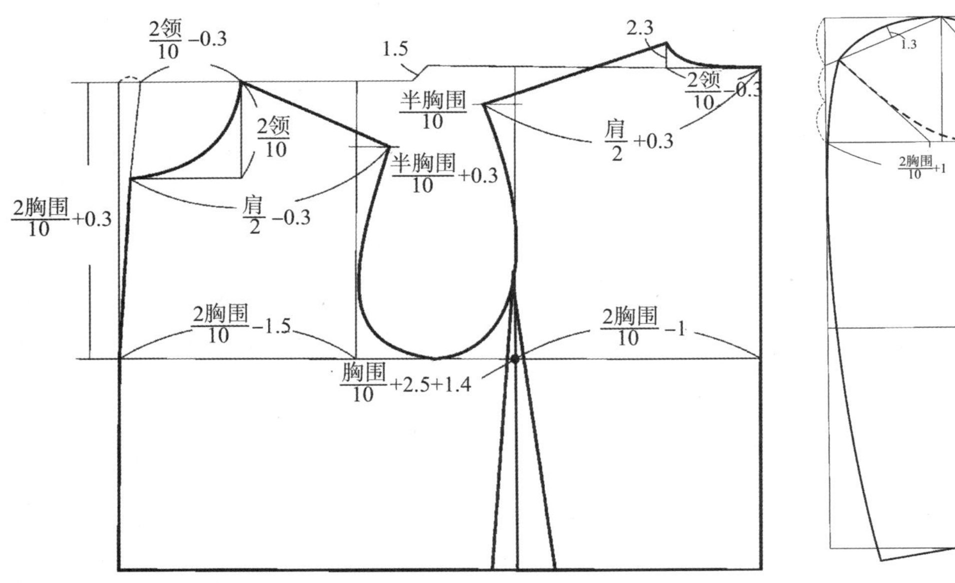

图 4-25 胸度式男外套原型衣片结构设计图解（单位：cm）

图 4-26 胸度式男外套原型袖片结构设计图解（单位：cm）

四、文化式男装上衣原型结构设计

图 4-27 ~ 图 4-30 分别为文化式男装上衣原型结构设计图解。

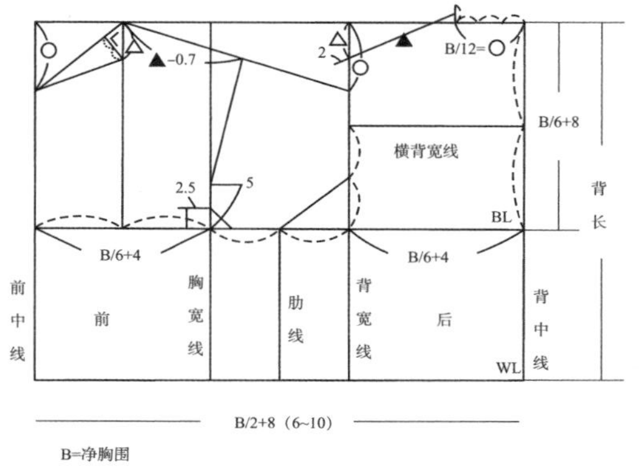

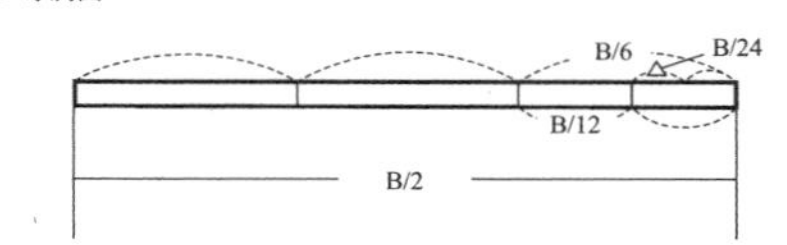

图 4-27　文化式男装上衣原型结构设计图解一（单位：cm）

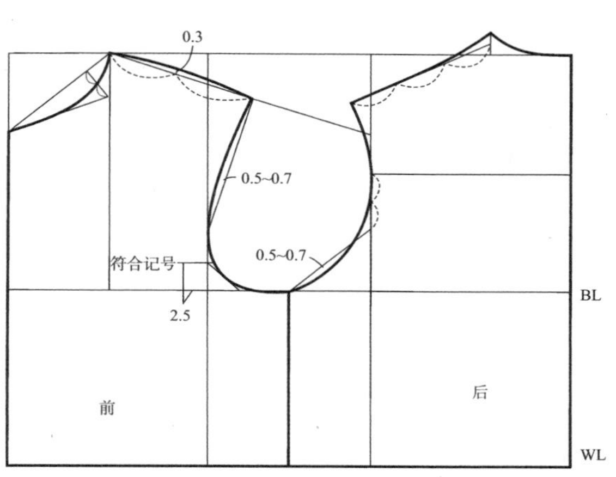

图 4-28　文化式男装上衣原型结构设计图解二（单位：cm）

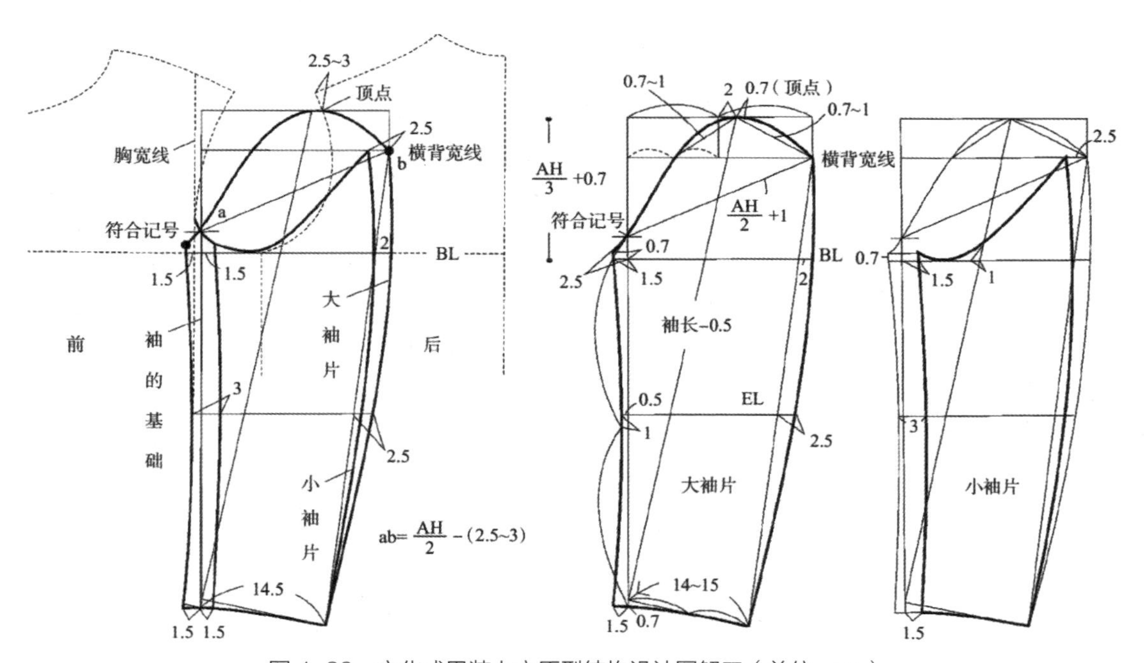

图 4-29　文化式男装上衣原型结构设计图解三（单位：cm）

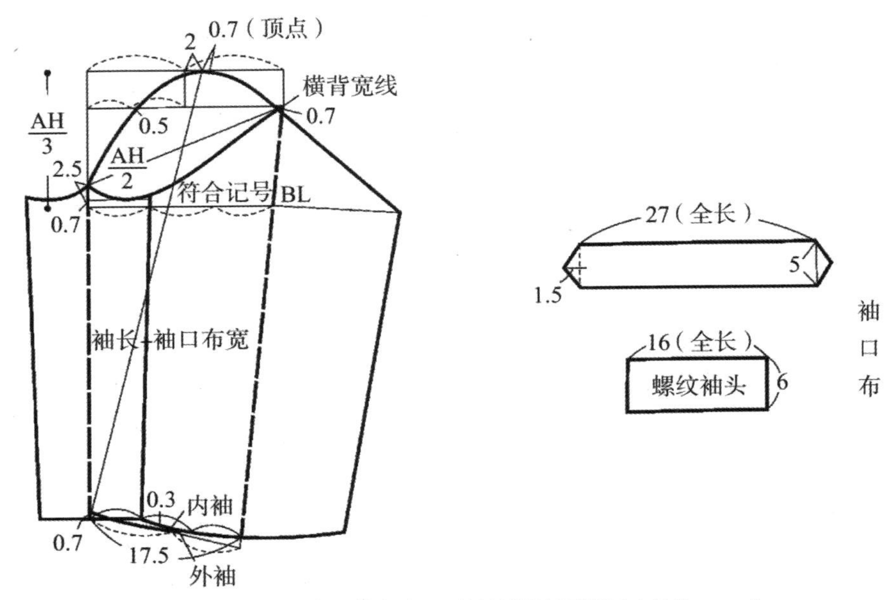

图 4-30　文化式男装上衣原型结构设计图解四（单位：cm）

五、美式女装上衣原型结构设计

图 4-31 为美式女装上衣原型结构设计图解。

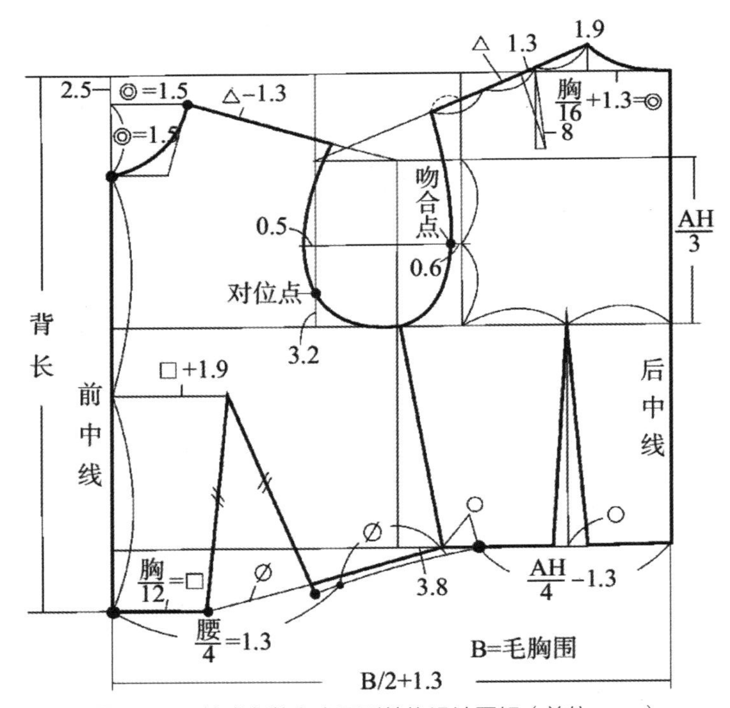

图 4-31　美式女装上衣原型结构设计图解（单位：cm）

六、登丽美式上衣原型结构设计

图 4-32 和图 4-33 分别为登丽美式上衣原型衣片和袖片结构设计图解。

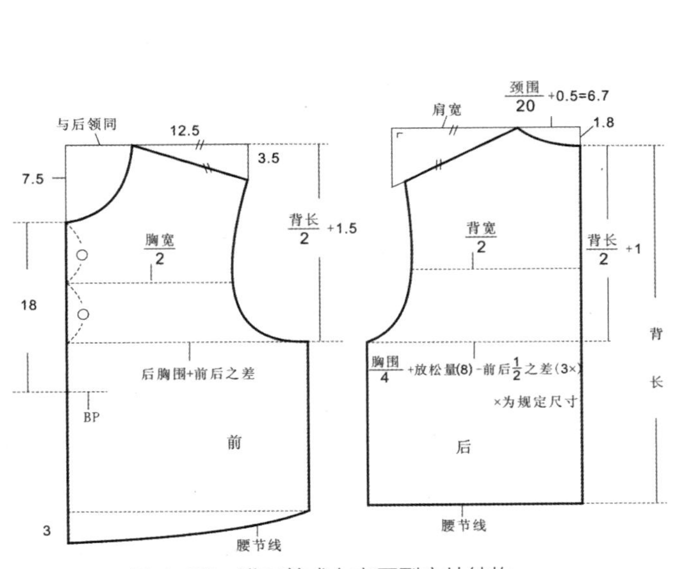

图 4-32 登丽美式上衣原型衣片结构设计图解（单位：cm）

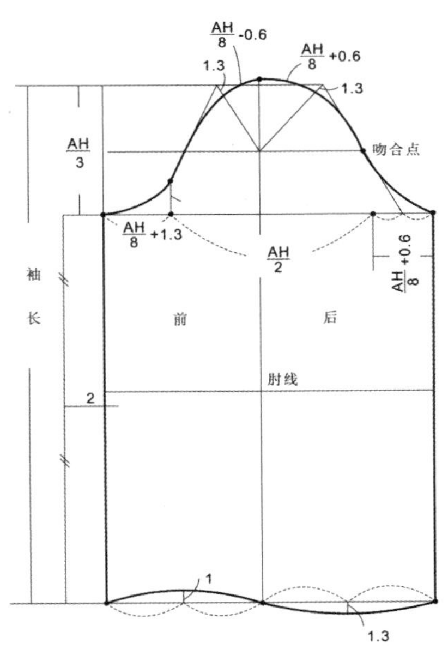

图 4-33 登丽美式上衣原型袖片结构设计图解（单位：cm）

七、英式女装上衣原型结构设计

图 4-34 为英式女装上衣原型结构设计图解。

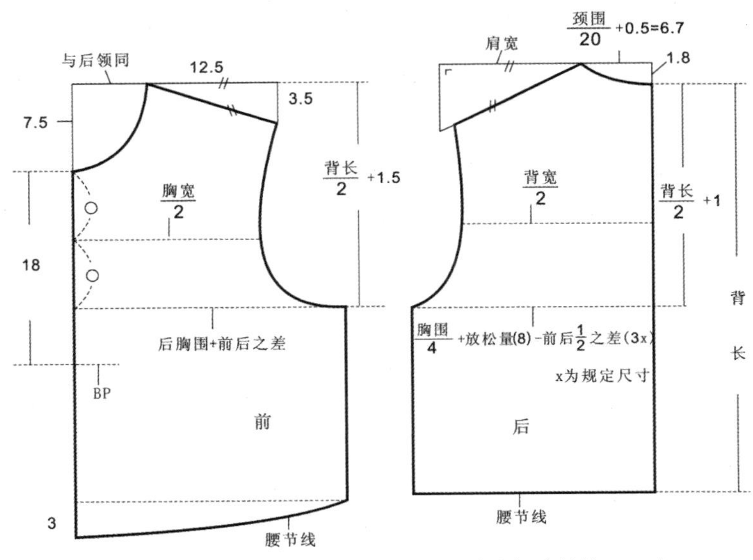

图 4-34 英式女装上衣原型结构设计图解（单位：cm）

八、日本伊东式上衣原型结构设计

图 4-35 为日本伊东式上衣原型结构设计图解。

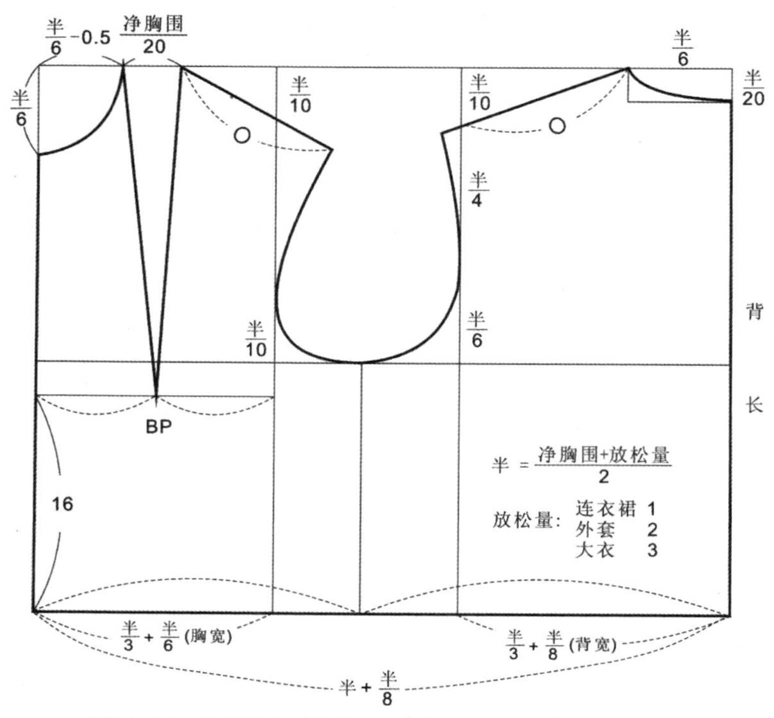

图 4-35　日本伊东式上衣原型结构设计图解（单位：cm）

第五节　原型主要部位结构分析

一、胸围数值的设计

胸围数值的设计，首先要考虑放松量的大小。所谓放松量，就是在人体原有固定的标准数据上，根据需要再添加一定的数值，使服装符合人体活动的要求。在进行原型结构设计时，不同的方法对应的胸围放松量也各有不同，有的略大有的略小，但是添加放松量是肯定的，因为人们每天都有各种各样的动作，而且千奇百怪。就人体运动来讲，它是有一定规律的，例如：人体的上肢一般都是向前做运动较多、躯干向前弯曲较多等。只有了解了人体有规律的动作，才能设计出符合人体运动的服装。为了满足人体运动的需要，在进行原型结构设计时，我们已经进行了科学的分析，例如：后肩宽大于前肩宽；后背宽大于前胸宽；领围、胸围、腰围、臀围等都给了适当的放松量。

胸围放松量的大小直接关系到穿着者的可动作程度及款式造型。在测量或推算胸围尺寸时一定要准确、合理，它直接关系到整个上衣其他部位的合理变化，特别是有的以胸围数值为推算依据的部位，例如：袖窿深=B/6+7cm、落肩=B/20cm 等。本书在原型中所设定的放松量是较合体的量，当要制作具体服装款式时放松量可做适当调整，也可参阅“男、女服装部位加放尺寸表”。

二、领口的设计

服装款式不同，领口的宽度和深度也有所不同。领围的大小根据领宽、领深的变化而变化，例如立领类款式、无领类款式、驳领类款式等。但就常规款式而言：领深略大领宽略小，领深=约 1/5 领围+0.5cm，领宽=约 1/5 领围−0.5cm，这是由人体颈部的造型所决定的。我们可以来做一个简单的实验：做一件合体的男式衬衫，将领深等于领宽进行缝制，结果是领宽太大或者是前门襟上端多出了一定的量，穿着效果很不美观，这样的结构设计就属于不合理设计，诸如这类现象只是从合体的款式进行的分析，如果进行较大的领围款式设计则可以灵活调整。领宽大于领深也是常见的事，在进行结构设计时要灵活运用结构设计原理，切忌生搬硬套。

用胸围或前胸宽来推算领深和领宽也很简单。本书较多地采用了以领围求领大的方法，这是因为在进行结构设计时用领围的数据来求得领宽和领深更准。在做具体款式时，为了协调胸围、肩宽、袖窿深、前胸宽、后背宽等，我们可以采用一些综合的结构设计方法。例如，在设计西装上衣时可以将前胸宽的 1/2 处画垂直线然后定为领口宽。但作为设计师，应该知道用何种方法会有何种穿着效果。

后片领口宽一般等于前片领口宽，后领口深一般等于 1/3 后领口宽或设为定数 2.5cm。另外在设计后片上串时一般不小于 1cm，否则穿着后就会出现“前片后走”的现象。

三、落肩的设计

结构上的落肩是根据人体的肩斜度而设计的，不管用什么方法设计都要使穿着者感到舒适，可视效果美观。一般人的肩斜度为 19°~21°，女性多为 20°，男性多为 21°，如图 4-36 所示。根据这个数据在原型设计时落肩可以选用定数，即前落肩为 5.5cm，后落肩为 5cm；也可以用肩斜度的度数来确定落肩，即肩斜度=19°~21°；还可以用胸度式来求得落肩，即落肩=B/20cm。以上设计方法均符合原型的要求。当我们设计其他较宽松的款式时，要遵循这样一个原则：沿着原型肩斜线的斜度去伸缩放收肩斜线。例如，无袖女式上衣、特别宽松式外套、风衣等。

设计垫肩时一定要适当地调整落肩的大小，垫肩的厚度大小直接关系到落肩大小的设计。另外，除了人的肩斜度有大有小外，人体上的肩中线也不是一条规则的直线，而是带有曲线度的成分，因此用什么面料制作服装对落肩也有一定的影响。例如，在用柔软的丝绸面料制作服装时落肩可稍大一点等。

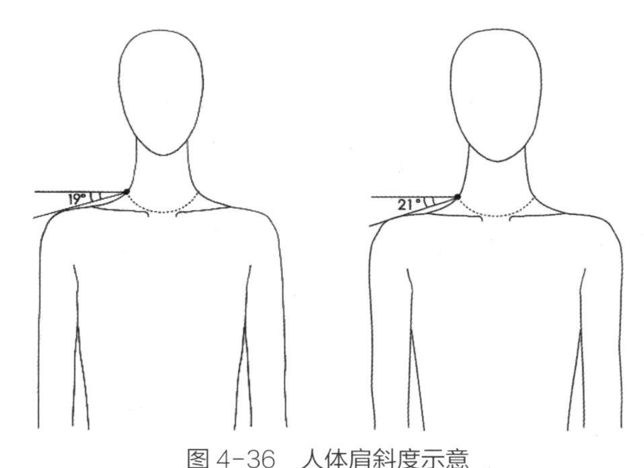

图 4-36　人体肩斜度示意

四、袖窿的设计

袖窿的造型有圆袖窿、尖袖窿、方袖窿和不规则袖窿等，我们通常讲的袖窿主要是指圆袖窿。

袖窿深的大小直接关系到款式的造型及袖窿弧线的长短，一般袖窿深=B/6+变数 7cm（6~10cm）。一般原型袖窿深=B/6+6cm，衬衫袖窿深=B/6+7cm，外套袖窿深=B/6+8cm，宽松夹克袖窿深=B/6+9cm，大衣袖窿深=B/6+10cm。在设计袖窿深时，除了掌握基本的公式外，还应该熟记一些基本款式袖窿长的具体数据（其他部位设计也一样），我们称这种记忆款式局部数据的方法为数理概念。数理概念对于结构设计很重要，结构设计中的一些定数设计实际上就是数理概念的运用。例如，在常规款式中，后片领口深可设计为 2.5cm，前片落肩 5.5cm，男衬衫肩覆司（过肩）宽 10cm，袖克夫宽 5.5cm，男式西装领子宽 7.5cm 等，因此学习服装结构一定要掌握正确的方法。

袖窿宽的确定方式可参照以下步骤。首先确定前胸宽和后背宽，前胸宽=B/6+1cm，后背宽=B/6，袖窿宽自然得出。其次从整体结构设计来看，袖窿宽要保持与前胸宽和后背宽的比例协调关系，袖窿宽度不可过宽或过窄。为了使整体结构协调，本书多采用以胸围为依据来推算出肩宽的方法，即总肩宽=B/2−8cm（5~12cm），然后以肩端点为依据来推算出前胸宽和后背宽。一般前片肩端点向前中线方向平移 3cm 即前胸宽线，后片肩端点向后中线方向平移 2.5cm 即后背宽线，前胸宽线与后背宽线的间距即袖窿宽。简单地讲，要遵循这样一个基本原则：人体厚度越大袖窿宽越宽，人体厚度越小袖窿宽越窄。

第五章
裙装结构设计

在服装结构设计的范畴中，裙装的结构设计相对来说是比较简单的。从服装结构的角度来说，我们将围裹于人们腰间的面料或材料所呈现出的服装状态称为裙装。裙装款式丰富，造型多样，可以与腰围线以上衣身组合成连衣裙，是女性主要的服饰之一。

第一节　裙装概述

一、裙装的分类

裙装基本结构有两种划分方法：第一种，按在臀围线上裙装与人体的贴合程度分类；第二种，按其长度分类，如图 5-1 所示。裙装基本结构加上高腰、分割、抽褶、波浪、垂褶等造型手法，又可形成若干种变化结构，具体分类如下（图 5-2）。

（1）按裙腰的高低，可分为低腰裙、无腰裙、绱腰裙、绱腰高腰裙和连腰高腰裙。

（2）按廓形的变化，可分为窄裙、直裙、A 字裙、斜裙和圆裙。

（3）按分割线的变化，可分为四片裙、六片裙、三节裙、两节裙和旋转裙。

（4）按褶的变化，可分为顺褶裙、对褶裙、活褶裙、碎褶裙和垂褶裙。

另外，还可以从制作方法、着装方式和用途等不同的角度加以分类。

半裙装作为整体服装的一部分，常常与衬衫、外衣、马甲、T 恤等搭配，半裙装的腰部可采用腰头与裙片结构缝合，也可以设计为连腰裙、低腰裙和高腰裙。

裙装开门方式多样，可以前开、可以后开、可以侧开，还可以设计为松紧带式等。

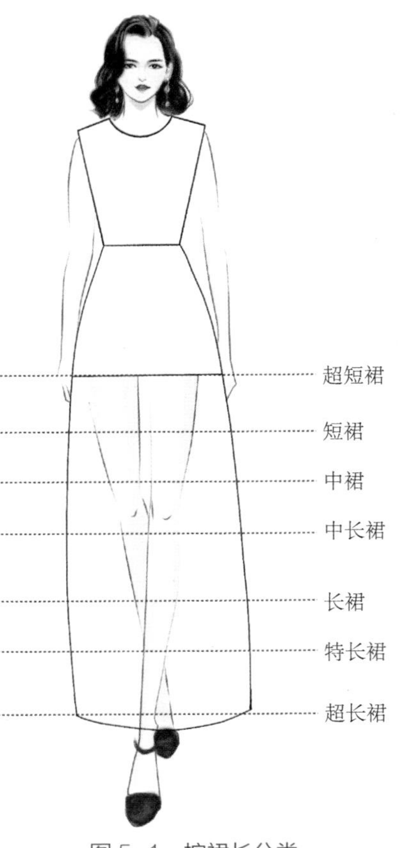

图 5-1　按裙长分类

(a) 按裙腰的高低分类

(b) 按廓形的变化分类

(c) 按分割线的变化分类

(d) 按褶的变化分类

图 5-2　裙装分类

连衣裙款式是指含上衣部分的裙装，其结构设计方法多样，但是一般都需要将上衣原型部分与裙子结构片对接设计，如图 5-3 所示。

裙子下摆周长的数据变化较大，不同款式下摆的周长也不一样。从地域来讲，不同的国家或地区其风格也不一样，例如中国的旗袍裙、中国云南的傣裙、苏格兰的格子裙、朝鲜的裙装等；从历史来看，也是如此，从古代到现代，有裙长拖地数米的也有短至膝部的，有紧身的也有带大裙撑的。近代的长裙一般与脚跟平齐，款式变化很大，特别是近二三十年来，裙装的流行变化趋于多样化、个性化，设计师要掌握裙装结构的根本，善于运用各种方法，使之满足款式造型的要求。

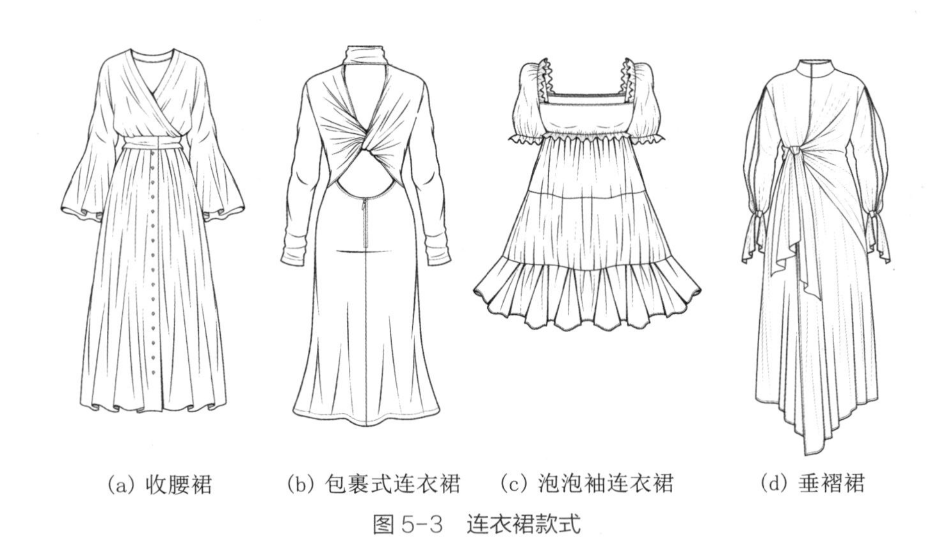

(a) 收腰裙　(b) 包裹式连衣裙　(c) 泡泡袖连衣裙　(d) 垂褶裙

图 5-3　连衣裙款式

二、裙装结构设计要素

裙装基本结构包括围拢腹部、臀部和下肢（不分两腿）的筒状结构造型，其基本要素为一个长度（裙长）和三个围度（腰围、臀围、摆围）。

裙装的造型结构，无论怎样变化，都是在裙基型的结构基础上，应用切展、省道转移等手段，结合其个性特点的变款裙结构，从而达到款式丰富的效果。

第二节　裙装结构设计

一、裙装基本型结构设计

（一）制图规格

表 5-1 为裙装基本型结构设计制图规格。

表 5-1　裙装基本型结构设计制图规格　　单位：cm

号型	裙长	腰围	臀围
160/65	70	67	100

（二）结构设计图解

图 5-4 为裙装基本型结构设计图解。

（三）制图说明

（1）画基础线：在画纸的下方画一条水平线①即基础线。

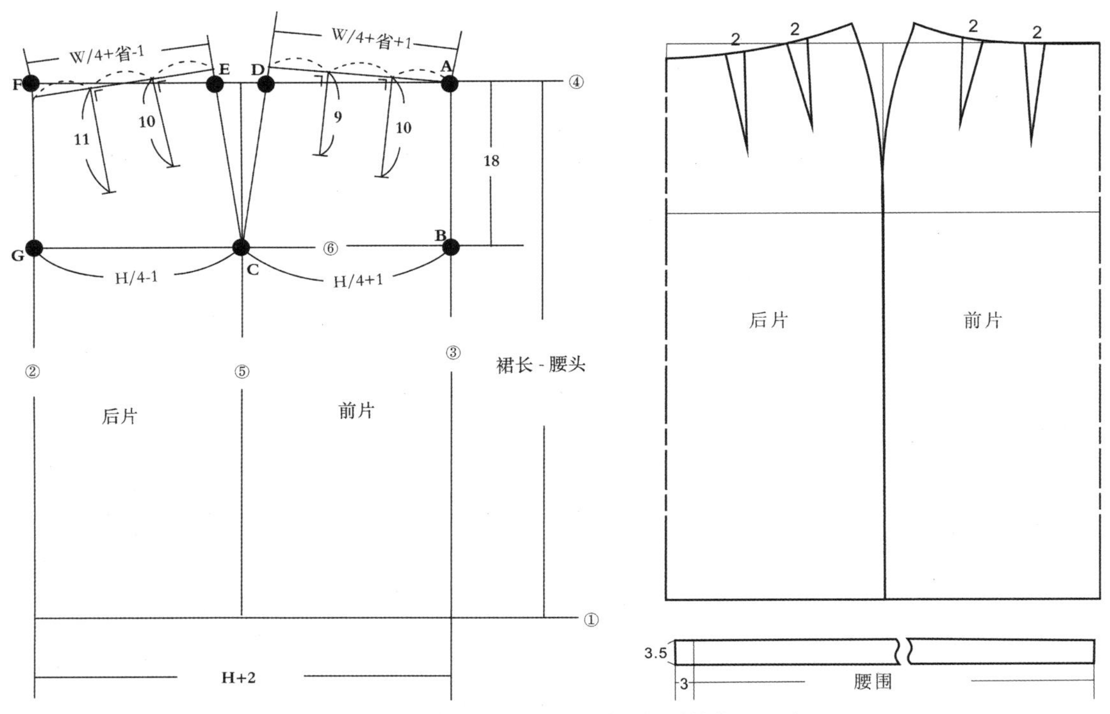

图 5-4 裙装基本型结构设计图解（单位：cm）

（2）画后片中线：在基础线的左边画一条垂直线②。

（3）画前片中线：自后片中线向右量至 H/2 止画后片中线的平行线③。

（4）画腰头线：自基础线①向上量至裙长（不含腰头）止画基础线的平行线④。前片腰围线=W/4+1cm+省份 4cm；后片腰围线=W/4-1cm+省份 4cm。前片腰围线侧点 D 点上翘 0.7cm；后片腰围线侧点 E 点上翘 0.7cm，后片腰围线中点 F 点内撇 1cm。

（5）画侧缝线：前片臀围=H/4+1cm，后片臀围=H/4-1cm，然后画直线⑤分开前后片。

（6）确定臀围线：自腰头线④向下量约 18cm 止画直线⑥即可。

（7）画省道：参阅图 5-4。

（8）画腰头：腰头宽=3.5cm，长=腰围+3cm。

二、旗袍裙结构设计

（一）制图规格

表 5-2 为旗袍裙结构设计制图规格。

表 5-2 旗袍裙结构设计制图规格　　单位：cm

号型	裙长	腰围	臀围
165/66	68	68	106

（二）结构设计图解

图 5-5 为旗袍裙结构设计图解。

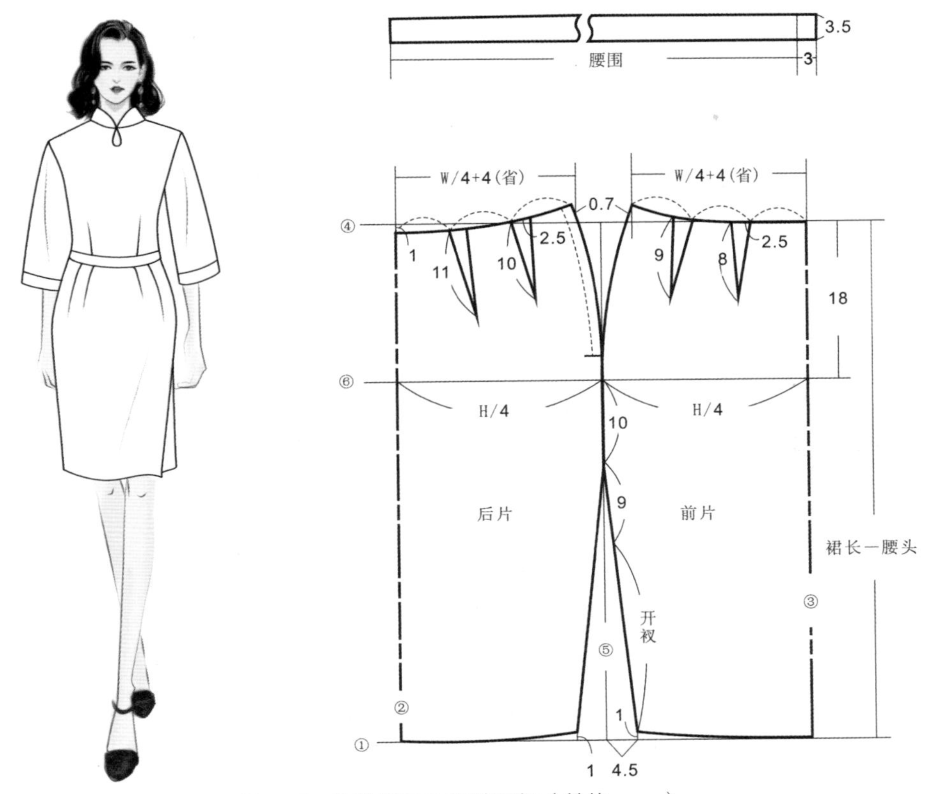

图 5-5　旗袍裙结构设计图解（单位：cm）

（三）制图说明

（1）画基础线：在画纸的下方画一条水平线①即基础线。

（2）画后片中线：在基础线的左边画一条垂直线②。

（3）画前片中线：自后片中线向右量至 H/2 止画后片中线的平行线③。

（4）画腰头线：自基础线①向上量至裙长（不含腰头）止画基础线的平行线④。前片腰围线=W/4+省份 5cm；后片腰围线=W/4+省份 4cm。前片腰围线侧点上翘 0.7cm；后片腰围线侧点上翘 0.7cm，后片腰围线中点内撇 1cm。

（5）画侧缝线：前片臀围=H/4，后片臀围=H/4，然后画直线⑤分开前后片。

（6）确定臀围线：自腰头线④向下量约 18cm 止画直线⑥即可。

（7）画省道：参阅图 5-5。

（8）画腰头：腰头宽=3.5cm，长=腰围+3cm。

三、对褶西装裙结构设计

（一）制图规格

表 5-3 为对褶西装裙结构设计制图规格。

表 5-3 对褶西装裙结构设计制图规格 单位：cm

号型	裙长	腰围	臀围
165/66	68	68	100

（二）结构设计图解

图 5-6 为对褶西装裙结构设计图解。

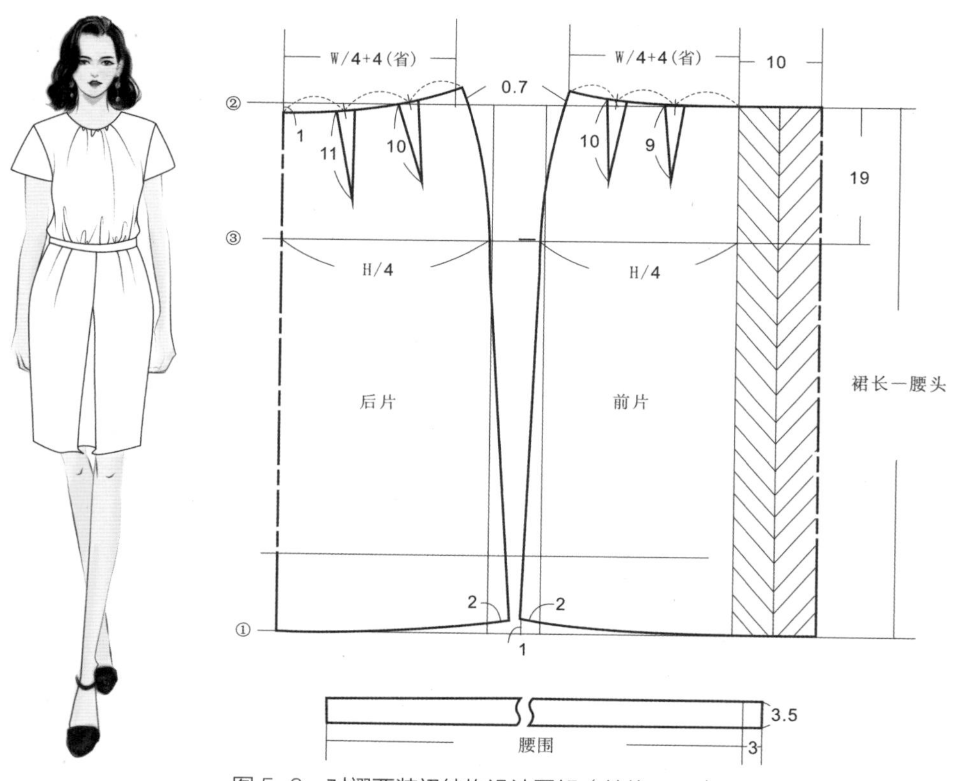

图 5-6 对褶西装裙结构设计图解（单位：cm）

（三）制图说明

1. 前片

（1）画基础线：在画纸的下方画一条水平线①即基础线。

（2）画腰头线：自基础线①向上量至裙长（不含腰头）止画基础线的平行线②。

（3）确定臀围线：自腰头线②向下量约 19cm 止画直线③即可，前片臀围=H/4。

（4）画对褶份：在前片中线处加宽 10cm 作为对褶的量。

（5）下摆线、侧缝线、省道、腰头设计请参阅图 5-6。

2. 后片

请参阅图 5-6。

四、八片鱼尾裙结构设计

（一）制图规格

表 5-4 为八片鱼尾裙结构设计制图规格。

表 5-4　八片鱼尾裙结构设计制图规格　单位：cm

号型	裙长	腰围	臀围
165/66	75	67	100

（二）结构设计图解

图 5-7 为八片鱼尾裙结构设计图解。

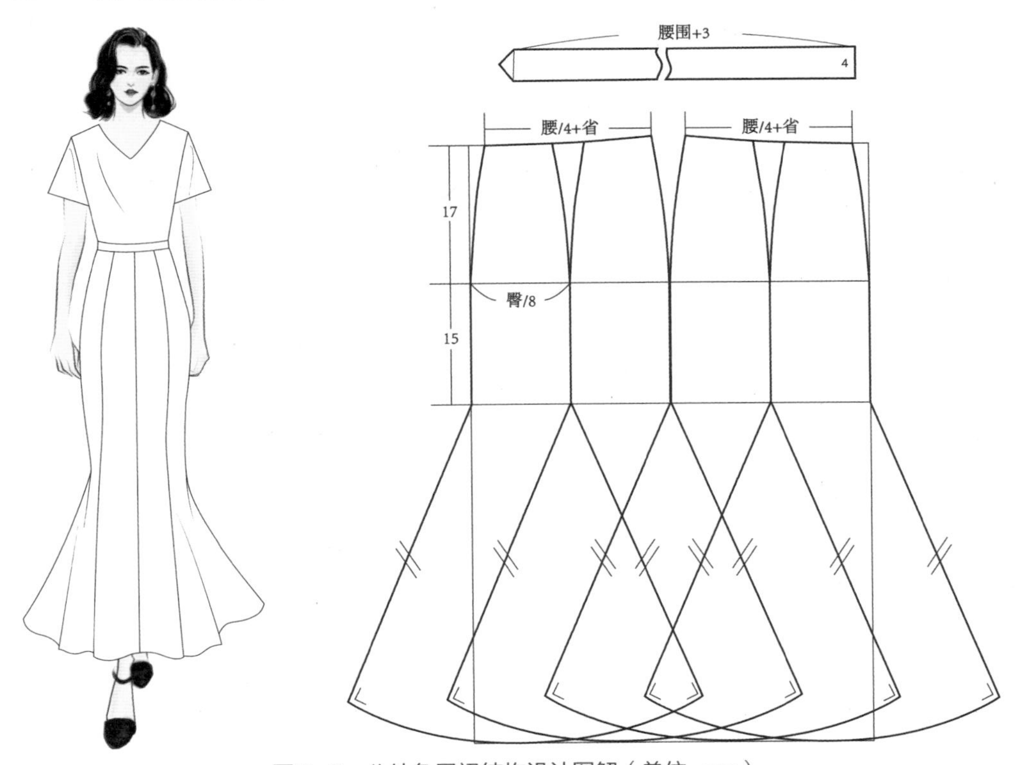

图 5-7　八片鱼尾裙结构设计图解（单位：cm）

（三）制图说明

（1）此款共用相同的裙片 8 片，臀围线下 15cm 处可根据需要增加或减少，以改变裙子外观造型。

（2）可以把臀围线以上的破缝看作一般的省道来理解。

（3）拉链可设计在正后缝或侧缝。

（4）腰头按常规进行设计。

五、低腰裙结构设计

（一）制图规格

表 5-5 为低腰裙结构设计制图规格。

表 5-5　低腰裙结构设计制图规格　　单位：cm

号型	裙长	腰围	臀围
165/62	37	64	98

（二）结构设计图解

图 5-8 为低腰裙结构设计图解。

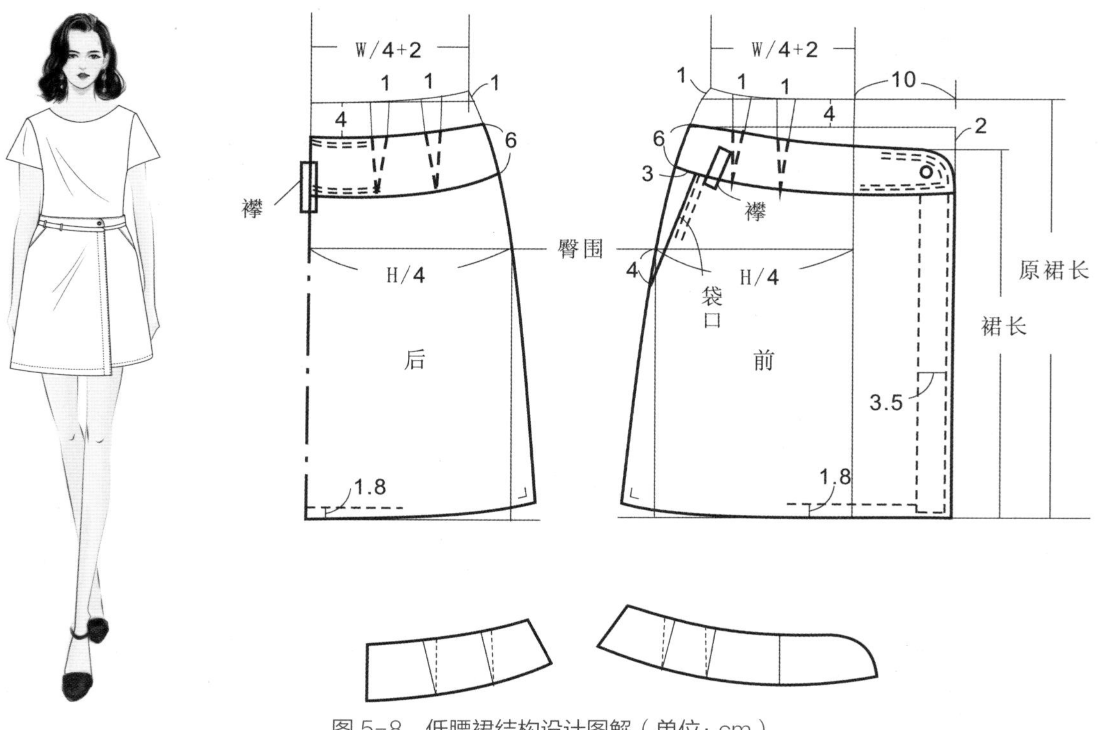

图 5-8　低腰裙结构设计图解（单位：cm）

（三）制图说明

（1）首先按常规裙子进行结构设计，然后腰围沿着该结构图下移形成低腰结构。

（2）腰头按原省的位置和原省的量进行收省设计。

（3）斜插袋、侧缝、门襟、腰袢等设计参阅图5-8。

六、节裙（蛋糕裙）结构设计

（一）制图规格

表5-6为节裙（蛋糕裙）结构设计制图规格。

表5-6　节裙（蛋糕裙）结构设计制图规格　　单位：cm

号型	裙长	腰围	臀围
165/69	81	94	100

（二）结构设计图解

图5-9为节裙（蛋糕裙）结构设计图解。

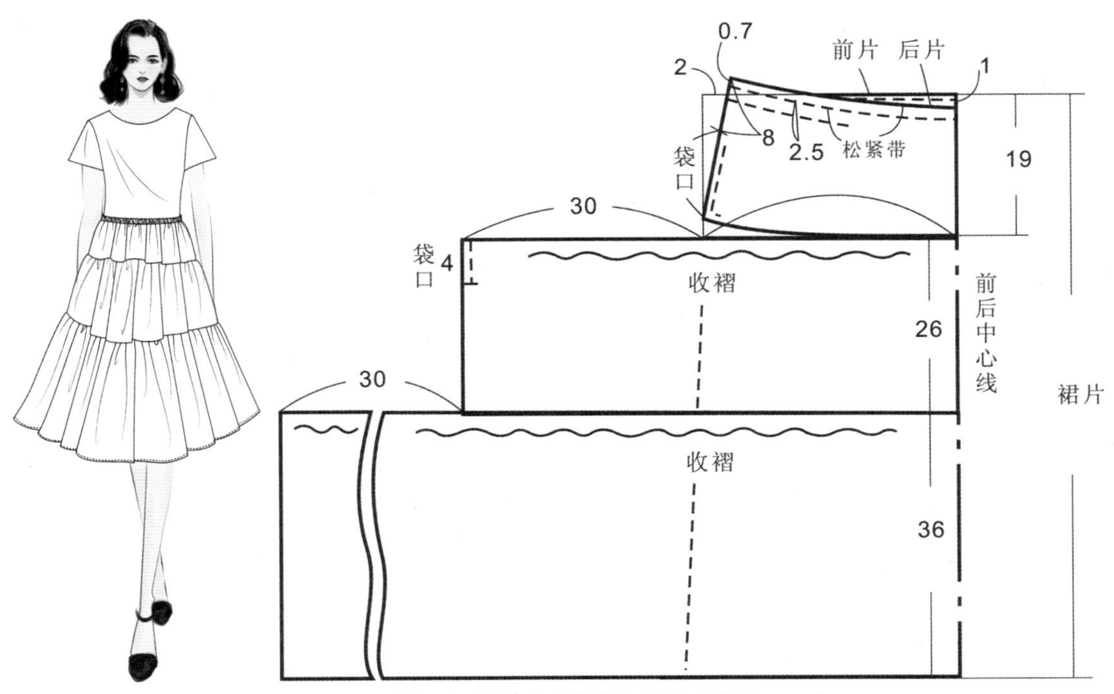

图5-9　节裙（蛋糕裙）结构设计图解（单位：cm）

（三）制图说明

（1）首先按常规裙子进行结构设计，然后将裙片分成三节，逐节量。

（2）以臀围为依据设计腰围，腰围放松紧带后要比实际腰围略小。

七、平面正圆形裙结构设计

（一）制图规格

表 5-7 为平面正圆形裙结构设计制图规格。

表 5-7　平面正圆形裙结构设计制图规格　　单位：cm

号型	裙长	腰围
165/66	85	68

（二）结构设计图解

图 5-10 为平面正圆形裙结构设计图解。

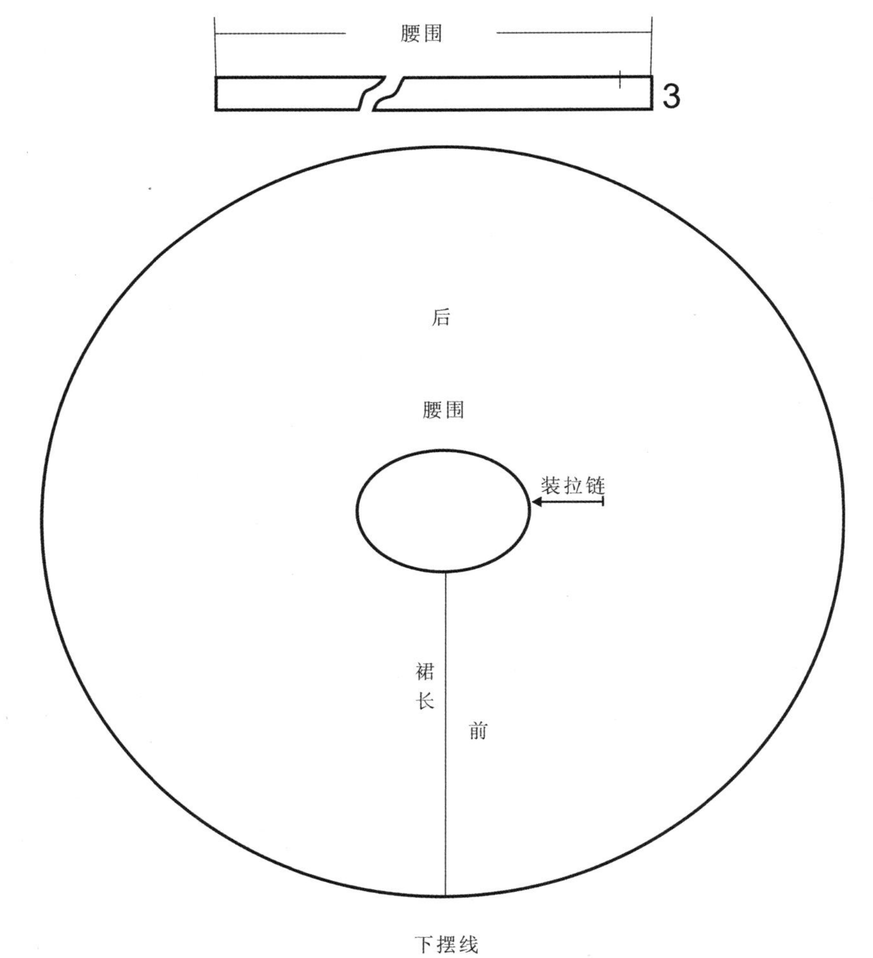

图 5-10　平面正圆形裙结构设计图解（单位：cm）

（三）制图说明

具体参阅图 5-10。

八、连衣裙结构设计

（一）连衣裙基本型结构设计

1. 制图规格

表 5-8 为连衣裙基本型结构设计制图规格。

表 5-8　连衣裙基本型结构设计制图规格　　单位：cm

号型	裙长	腰围	裙片腰围	领围	袖窿长
号型自定	自定	自定	自定	自定	自定

2. 结构设计图解

图 5-11 为连衣裙基本型结构设计图解。

3. 制图说明

（1）连衣裙款式千变万化，但结构设计方法大同小异，基本采用将上衣原型与裙子结构片对接，然后进行修正的方法。也可以采用以上衣结构图为依据推算裙片的整体设计，或以裙片结构图为依据推算上衣部分的整体设计。

（2）连衣裙具体款式的变化可在基本型结构设计图的基础上进行。

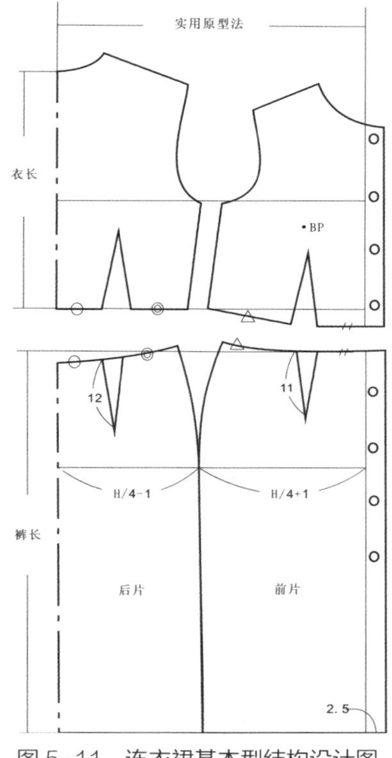

图 5-11　连衣裙基本型结构设计图解（单位：cm）

（二）多褶连衣裙结构设计

1. 制图规格

表 5-9 为多褶连衣裙结构设计制图规格。

表 5-9　多褶连衣裙结构设计制图规格　　单位：cm

号型	裙长	腰围	裙片腰围	领围	袖窿长
165/66	135	76	164	48	42

2. 结构设计图解

图 5-12 为多褶连衣裙结构设计图解。

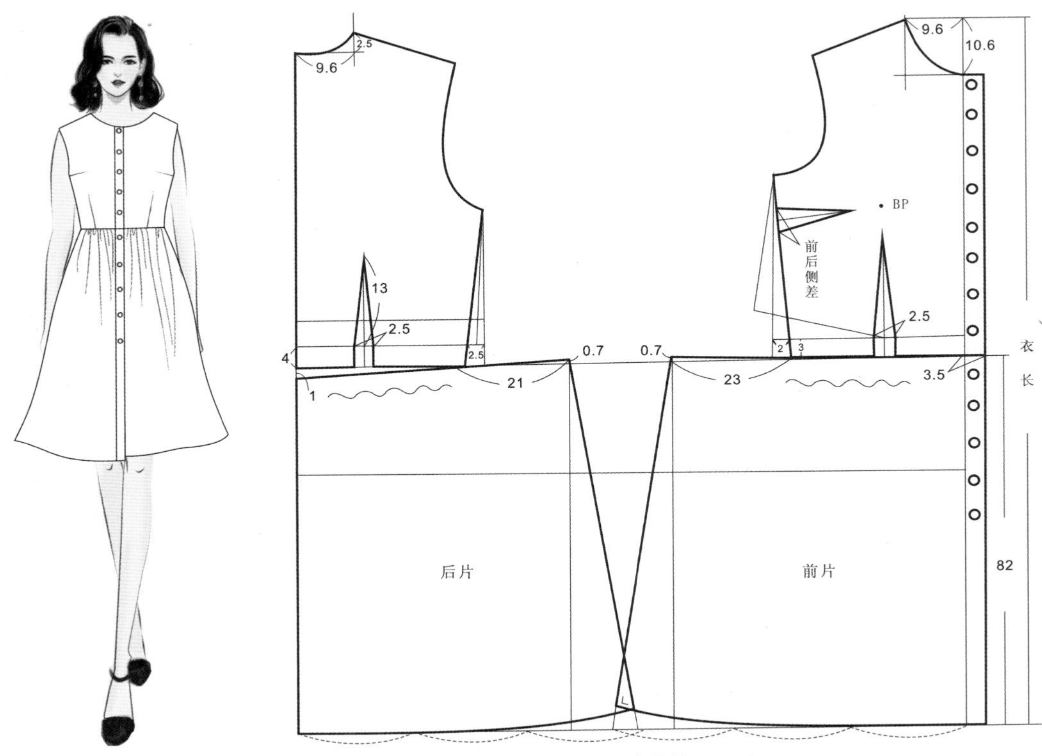

图 5-12 多褶连衣裙结构设计图解（单位：cm）

第六章
裤装结构设计

裤装是下装的主要品类，其造型千变万化，但是总体结构基本相同。裤装一般前后各由2片组成，前浪线略短后浪线略长，两侧缝上端多有插袋设计，前后片腰口常有省道和褶裥设计。男裤以前浪线处设计开门，并且大都设计有后袋；女裤则以侧缝上端或后浪线上端设计开门（牛仔裤及时装裤也有在前浪线上端设计开门的）。

第一节　裤装的分类与基本型构成

一、裤装的分类

裤装品类繁多，结构变化多样。归纳起来，裤装可分为如下几类。

（一）按裤装臀围的宽松量分类

图6-1为按裤装臀围的宽松量分类图示。

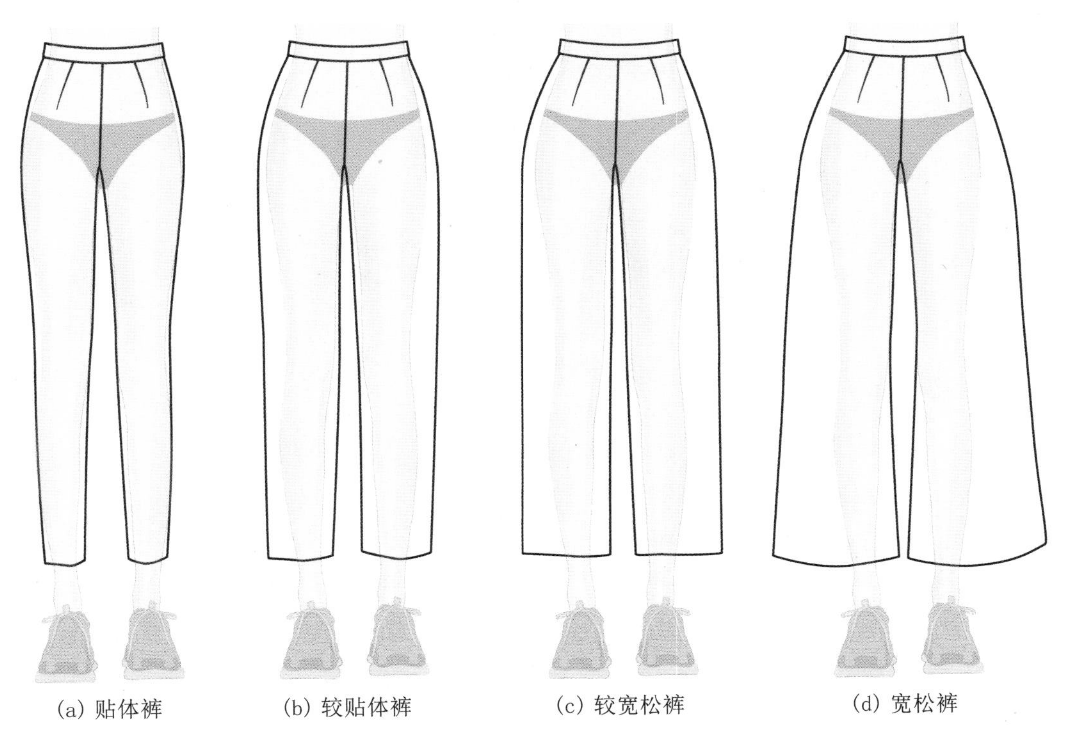

图6-1　按裤装臀围的宽松量分类图示

贴体裤：裤臀围的宽松量为 0~6cm 的裤装。

较贴体裤：裤臀围的宽松量为 6~12cm 的裤装。

较宽松裤：裤臀围的宽松量为 12~18cm 的裤装。

宽松裤：裤臀围的宽松量为 18cm 以上的裤装。

（二）按裤装的长度分类

图 6−2 为按裤装的长度分类图示。

超短裤：裤长 <0.4h−15cm 的裤装。

短裤：裤长为（0.4h−15cm）~（0.4h+5cm）的裤装。

中裤：裤长为（0.4h+5cm）~0.5h 的裤装。

中长裤：裤长为 0.5h~（0.5h+10cm）的裤装。

长裤：裤长为（0.5h+10cm）~（0.6h+2cm）的裤装。

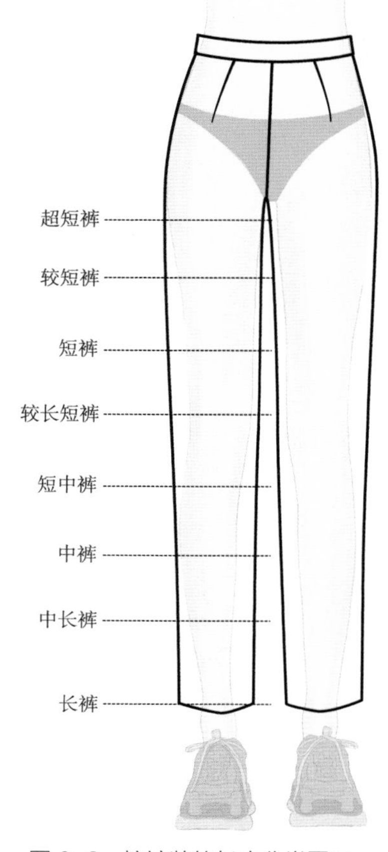

图 6−2　按裤装的长度分类图示

（三）按裤脚口尺寸大小分类

图 6−3 为按裤脚口分类图示。

直筒裤：裤脚口尺寸=（0.2h−3cm）~（0.2h+5cm），中裆量与裤脚口量基本相等的裤装。

瘦脚裤：裤脚口尺寸<0.2h−3cm 的裤装。

宽脚裤：裤脚口尺寸>0.2h+5cm 的裤装。

裤子的脚口除了尺寸大小分类之外，还有翻裤脚口、平裤脚口、斜裤脚口等。

（四）按裤子形态分类

按裤子形态分类有紧身裤、宽松时装裤、中裤、短裤、灯笼裤、马裤、宽松长裤等，如图 6−4 所示。

（五）按裤子口袋分类

按裤子口袋分类有直线插袋型、后挖袋、绱袋盖后袋、直插袋、卧式插袋、后贴袋、弧线斜插袋等。

（六）按穿着层次分类

有内裤和外裤。

（七）按性别和年龄分类

有男裤、女裤、中性裤、童裤等。

此外，还有按穿着场合、穿着用途、所用材料等分类的方法。

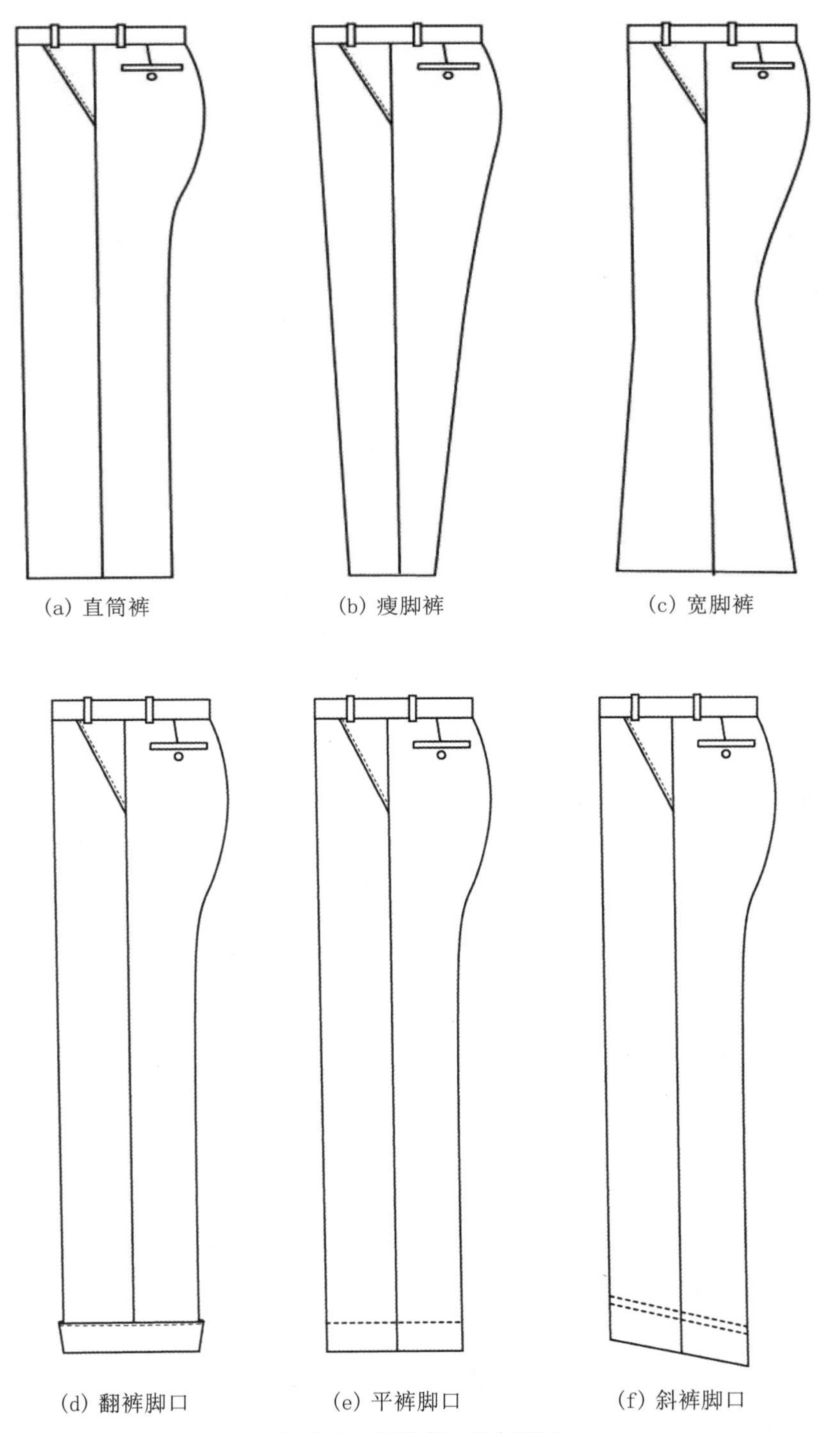

图6-3　按裤脚口分类图示

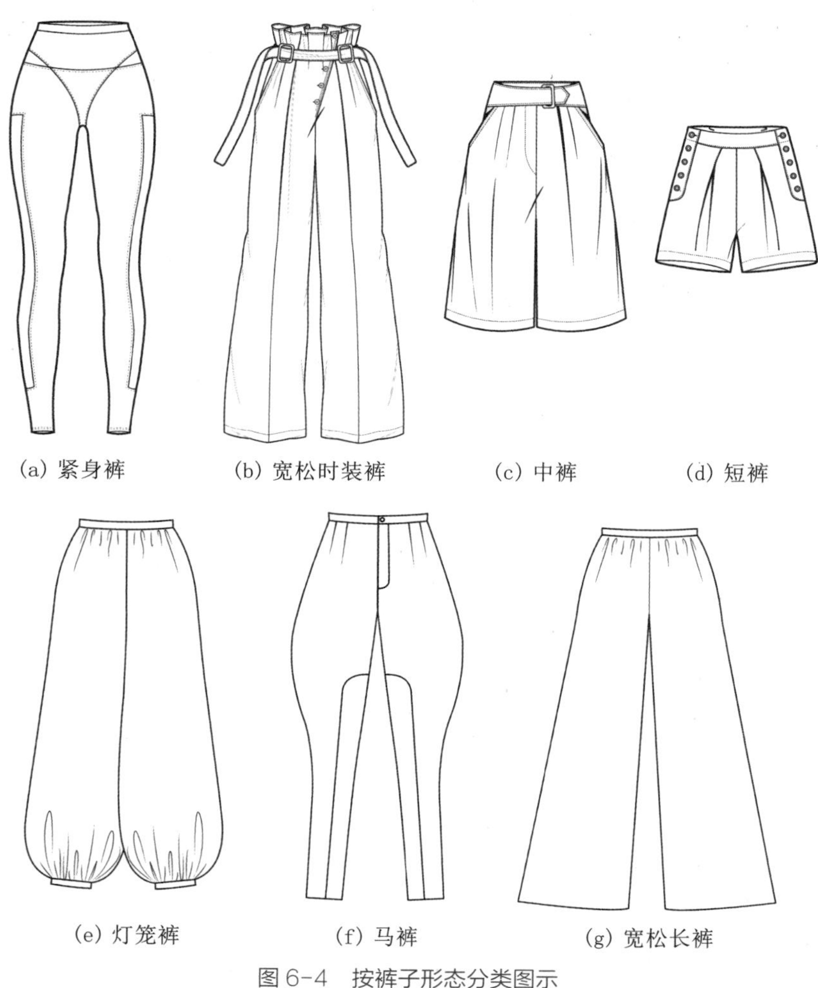

(a) 紧身裤　(b) 宽松时装裤　(c) 中裤　(d) 短裤

(e) 灯笼裤　(f) 马裤　(g) 宽松长裤

图 6-4　按裤子形态分类图示

二、裤装结构设计要素

图 6-5 和图 6-6 分别为裤装结构设计要素。

裤长：裤腰上口至脚口间的距离。

立裆：裤腰上口至前后片十字交叉点之间的距离。

下裆：裤子前后片十字交叉点至脚口间的距离。

横裆：裤子前后片十字交叉点水平围量。

中裆：下裆等分上提 3 ~ 4cm 处水平围量。

脚口：裤子下口止口围量。

腰围：沿腰头上口围量。

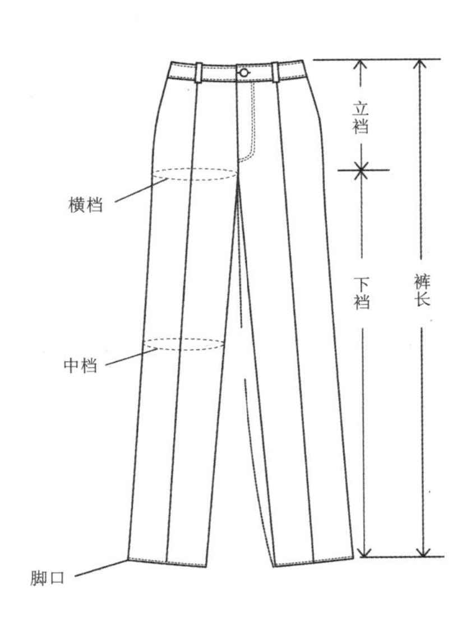

图 6-5　裤装结构设计要素一

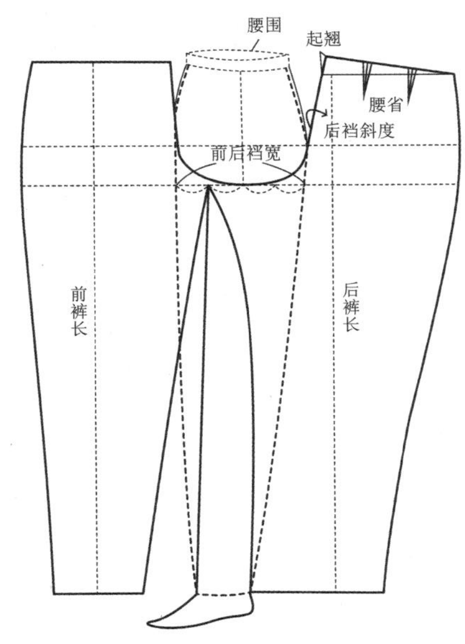

图 6-6　裤装结构设计要素二

臀围：臀高处围量。

前后裆宽（裆底总宽）：裤子裆底的总宽度。

后裆斜度及起翘：为满足人体臀部特征后裤片裆缝直线倾斜及翘高的量。

腰省：臀腰收掉的量。

裤装结构与人体静态的关系：根据人体静态图例，裤装的臀围放松量一般分配前部 30%，裆部 30%，后部 40%。

西裤的裆底总宽度由人体躯干下部的厚度决定。经实际测量，西裤裆底的总宽度约占臀围的 16%。在比例分配上，若把裆底分成四等分，前裆宽约占裆底总宽的 1/4，后裆宽约占裆底总宽的 3/4。

三、男裤基本型结构设计

（一）制图规格

表 6-1 为男裤基本型结构设计制图规格。

表 6-1　男裤基本型结构设计制图规格　　单位：cm

号型	裤长	腰围	臀围	股上	脚口
170/76A	103	78	108	29	22

（二）结构设计图示

图 6-7 ~ 图 6-9 分别为男裤基本型前片和后片结构设计图示。

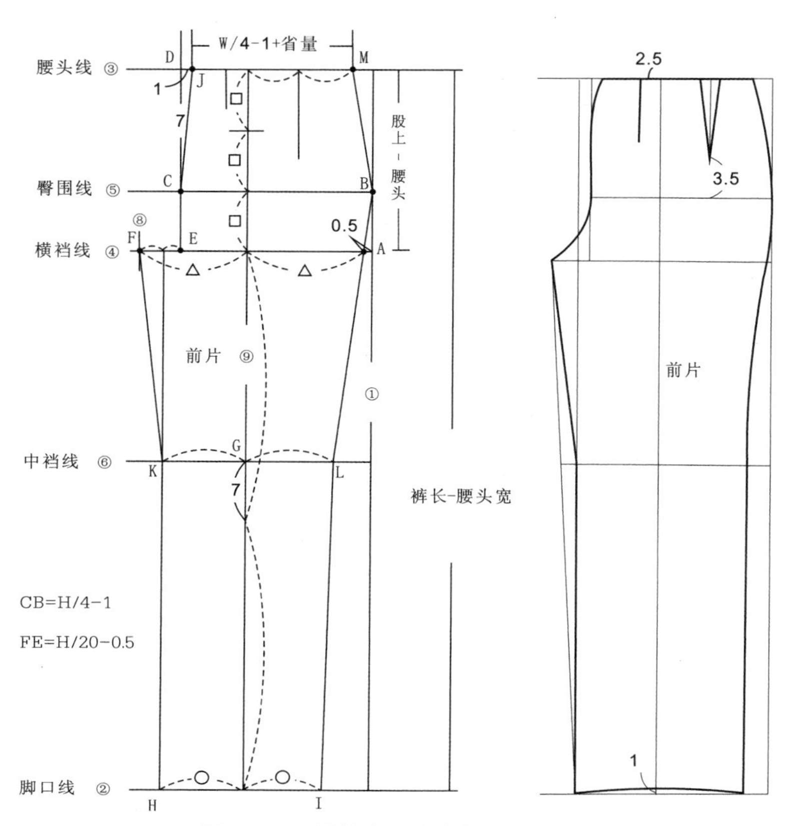

图 6-7　男裤基本型前片结构设计图示

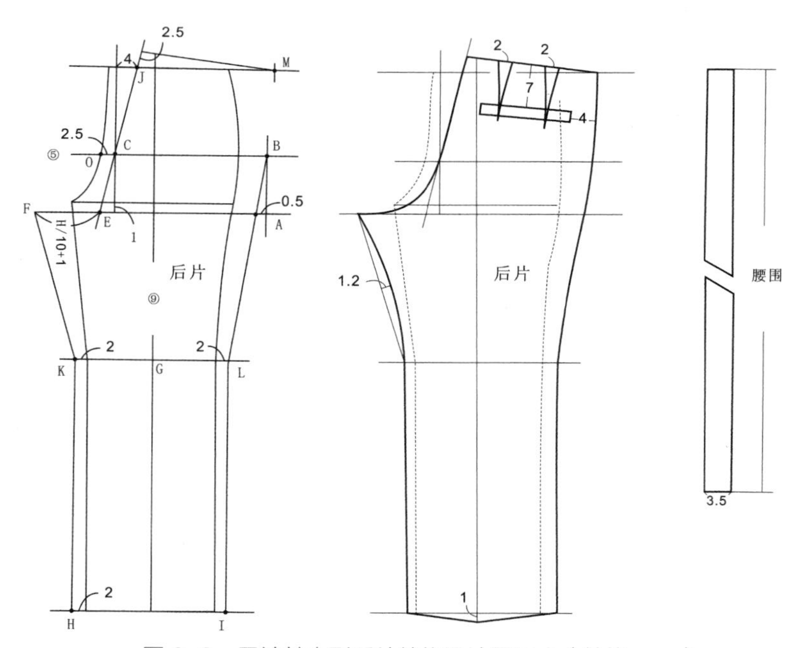

图 6-8　男裤基本型后片结构设计图示 A（单位：cm）

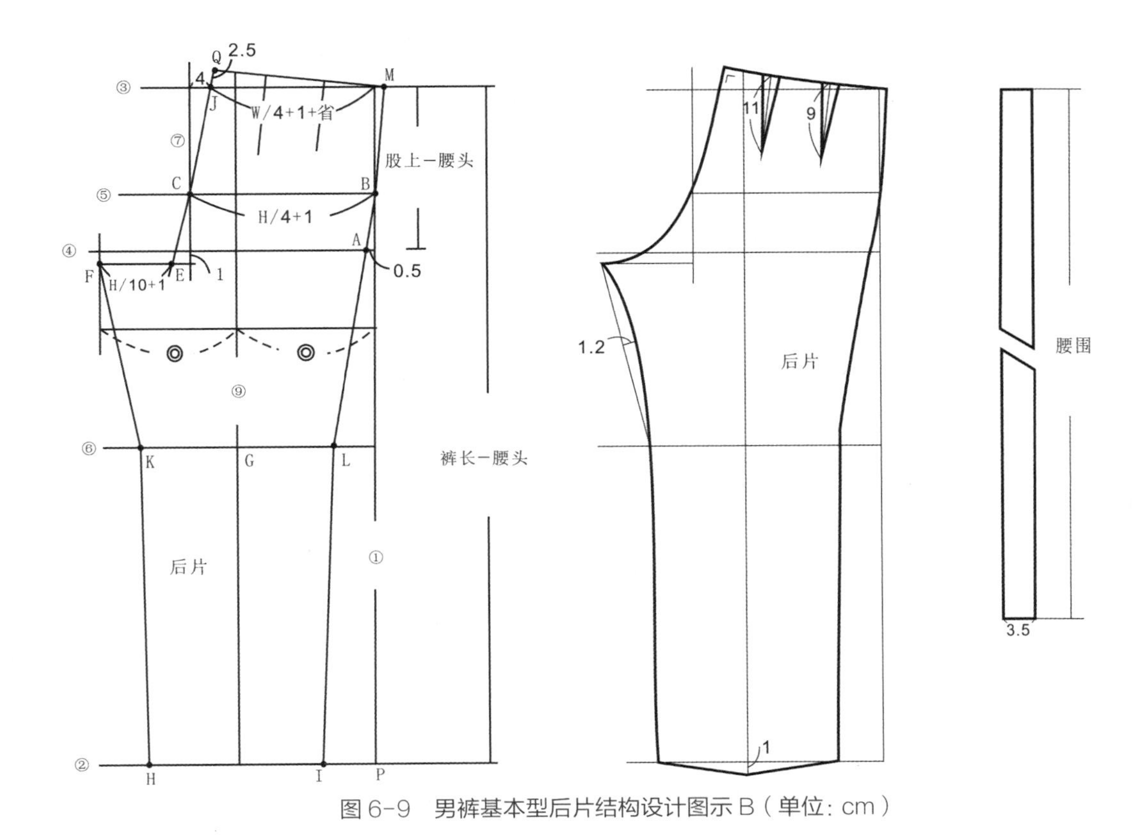

图 6-9　男裤基本型后片结构设计图示 B（单位：cm）

（三）制图说明

1. 前片（图 6-7，结构图观察时顺时针旋转 90°）

（1）画基础线：在画纸的下方画一条水平线①。

（2）画脚口线：在基础线的左端画一条垂直线②，HI=脚口−2cm。

（3）画腰围线：自脚口线向腰头方向平行量至裤长（不含腰头宽）止画垂直线③。前片腰围线 JM=W/4−1cm+（省量）。

（4）画横裆线：自腰头线③平行向脚口方向量至股上尺寸（立裆）止画垂直线④。横裆线外侧点要比臀围线侧点 B 内收 0.5cm。

（5）确定臀围线：自横裆线 FA 至腰头线 DM 的 1/3 处画直线 CB 即臀围线⑤，前片臀围线 CB=H/4−1cm。

（6）画小裆宽：以 C 点为基点画水平线 ED，小裆宽即 FE=H/20−0.5cm，小裆宽也可以设计为定数 4.5cm。

（7）画中裆线：自脚口线 HI 至腰头线 JM 的 1/2 处上移 7cm 画直线⑥，KG=GL。

（8）画烫迹线：在横裆线 FA 中点画水平线⑨即烫迹线。

（9）设计省褶：前片裤腰省褶一般各一个，靠前浪线位置的设计为褶，靠前侧线位置的设计为省道，省尖距臀围线约 4cm。

（10）完成前片：利用辅助点线完成前片结构制图。

2. 后片 A（图 6-8，结构图观察时顺时针旋转 90°）

（1）画好前片结构图，然后在前片结构图的基础上设计后片。

（2）画落裆线：在前片横裆线的基础上下落 1cm 画落裆线 FA。

（3）确定大裆宽：大裆宽 FE=H/10+1cm。

（4）画臀围线、中裆线、脚口线请参阅图 6-8。

（5）确定翘势：翘势设计为定数 2.5cm。

（6）后省道设计：后片一般设计两个省道，省道大小可根据需要灵活调整。

（7）完成后片：制图参阅图 6-8。

3. 后片 B（图 6-9，结构图观察时顺时针旋转 90°）

（1）画基础线：在画纸下方画一条水平线①作为基础线。

（2）画脚口线：在基础线的左端画一条垂直线②，后脚口线 HI=1/2 脚口线周长+2cm。

（3）画腰头线：自脚口线②向上量至裤长（不含腰头）止画垂直线③，后片腰围线 JM=W/4+1cm+4cm（省量），实际腰围线 QM 比 JM 要稍短些，这正是结构设计的需要。

（4）画臀围线：后片臀围线的绘制方法和前片一样，后片臀围线 CB=H/4+1cm。

（5）画落裆线：自原横裆线④平行下落 1cm 画直线 FE 即落裆线。

（6）画烫迹线：自 F 点至基础线①的 1/2 处画一条水平线⑨即烫迹线。

（7）画中裆线：方法同前片一样，后片中裆线 KL=前片中裆线+4cm。

（8）画大裆宽：大裆宽 FE=H/10+1cm。

（9）画后浪线：以臀围点 C 为基点画水平线交于腰线③，交点下移 4cm 定 J 点，然后连接 QJCE 直线，最后画顺后浪线。

（10）省道：后片设计两个省道，腰头线分三等份确定省的位置，靠浪线边的省道长约 11cm，另一个长约 9cm，省中线垂直于腰头线 QM。

（11）确定翘势：翘势 JQ 设为定数 2.5cm。

（12）完成后片：以各辅助点线为基础完成整片的绘制。

（13）画腰头：腰头宽=3.5cm，长=腰围+2.5cm。

（14）口袋：可以根据需要设计。

四、女裤基本型结构设计

（一）制图规格

表 6-2 为女裤基本型结构设计制图规格。

表 6-2 女裤基本型结构设计制图规格　　单位：cm

号型	裤长	腰围	臀围	股上	脚口
165/67A	103	68.5	102	29	20

（二）结构设计图示

图 6-10 为女裤基本型结构设计图示。

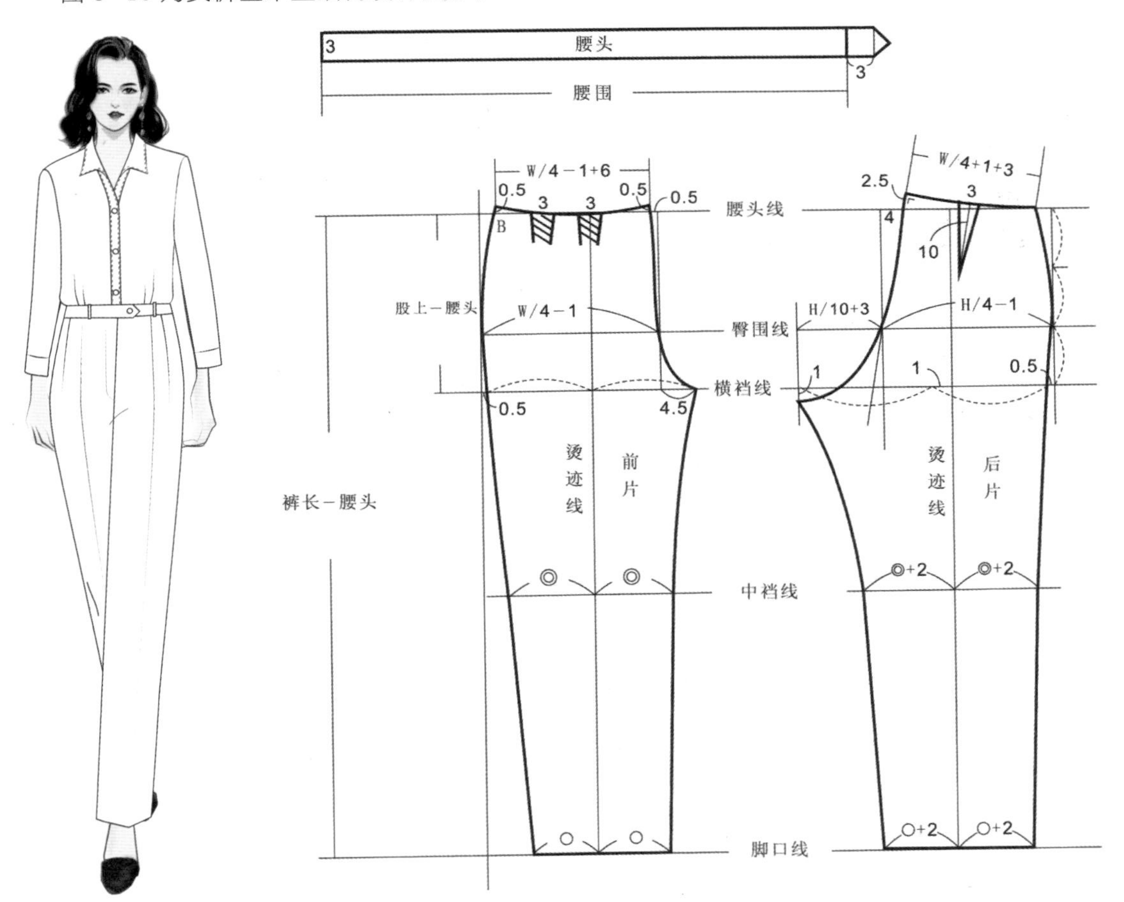

图 6-10 女裤基本型结构设计图示（单位：cm）

（三）制图说明

首先绘制前片结构图，然后根据前片的数据绘制后片结构图，结构设计方法与男裤大致相同。

第二节 典型裤型结构设计

一、女西裤结构设计

（一）制图规格

表 6-3 为女西裤结构设计制图规格。

表 6-3 女西裤结构设计制图规格 单位：cm

号型	裤长	腰围	臀围	股上	脚口
165/70A	101	72	110	28	20

（二）结构设计图示

图 6-11 为女西裤结构设计图示。

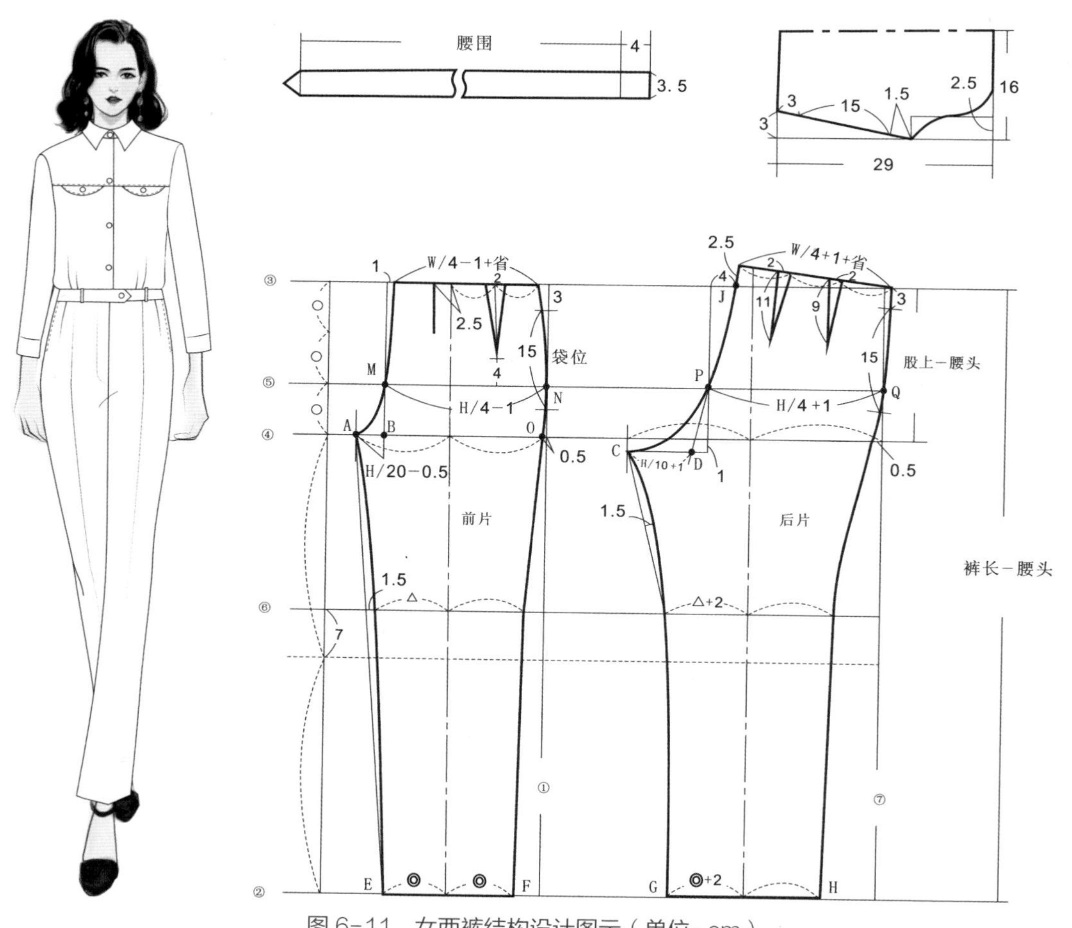

图 6-11 女西裤结构设计图示（单位：cm）

（三）制图说明

1. 前片（结构图观察时顺时针旋转 90°）

（1）画基础线：在画纸的下方画一条水平线①。

（2）画脚口线：在基础线的左端画一条垂直线②，EF=脚口−2cm。

（3）画腰线：自脚口线向腰头方向平行量至裤长止（减腰头宽）画垂直线③。前片腰围线=W/4−1cm+4.5cm（省量）。

（4）画横裆线：自腰头线平行向脚口方向平行量至股上尺寸（立裆）减腰头止画垂直线④。横裆线外侧点要比臀围线侧点 N 内收 0.5cm。

（5）确定臀围线：自横裆线④至腰头线③的 1/3 处画直线⑤，前片臀围线 MN=H/4−1cm。

（6）确定小裆宽：以 M 点为基点画水平线交于 B 点，小裆宽即 AB=H/20−0.5cm，小裆宽也可以设计为定数 4.5cm。

（7）画中裆线：自脚口线 EF 至腰头线③的 1/2 处上移 7cm 画直线⑥确定中裆线。

（8）画烫迹线：在横裆线 AO 中点画水平线即烫迹线。

（9）设计省褶：前片裤腰省褶各设一个，靠前浪线位置的设计为褶，褶大 2.5cm；靠侧缝线位置的设计为省道，省大 2cm，省尖距臀围线约 4cm。

（10）确定插袋位置：自腰线处沿着侧缝线下 3cm 开始量至 15cm 处止为袋口位。

（11）完成前片：利用辅助点线完成前片结构制图。

2. 后片（结构图观察时顺时针旋转 90°）

（1）画基础线：在画纸下方画一条水平线⑦作为基础线。

（2）画脚口线：在基础线的左端画一条垂直线②，后脚口线 GH=脚口+2cm。

（3）画腰头线：自脚口线②向上量至裤长（不含腰头）止画垂直线③，后片腰围线=W/4+1cm+4cm（省量）。

（4）画臀围线：后片臀围线的绘制方法和前片一样，后片臀围 PQ=H/4+1cm。

（5）画落裆线：自原横裆线④平行下落 1cm 画直线 CD 即落裆线。

（6）画烫迹线：自 C 点至基础线⑦的 1/2 处画一条水平线即烫迹线。

（7）画中裆线：方法同前片一样，后片中裆线=前片中裆线+2cm。

（8）画大裆宽：大裆宽 CD=H/10+1cm。

（9）画后浪线：以臀围点 P 为基点画水平线交于腰线③，交点下移 4cm 定 J 点，然后连接 JPD 直线，最后画顺后浪线 CPJ。

（10）省道：后片设计两个省道，腰头线分三等份确定省的位置，靠浪线边的省道长约 11cm，另一个长约 9cm，省中线垂直于实际腰头线。

（11）确定翘势：翘势设为定数 2.5cm。

（12）完成后片：以各辅助点线为基础完成整片的绘制。

（13）腰头宽=3.5cm，长=腰围+4cm。

（14）口袋：参阅图 6-11。

二、女式锥裤结构设计

（一）制图规格

表 6-4 为女式锥裤结构设计制图规格。

表 6-4　女式锥裤结构设计制图规格　　单位：cm

号型	裤长	腰围	臀围	股上	脚口
165/70A	101	72	114	28.5	15

（二）结构设计图示

图 6-12 为女式锥裤结构设计图示。

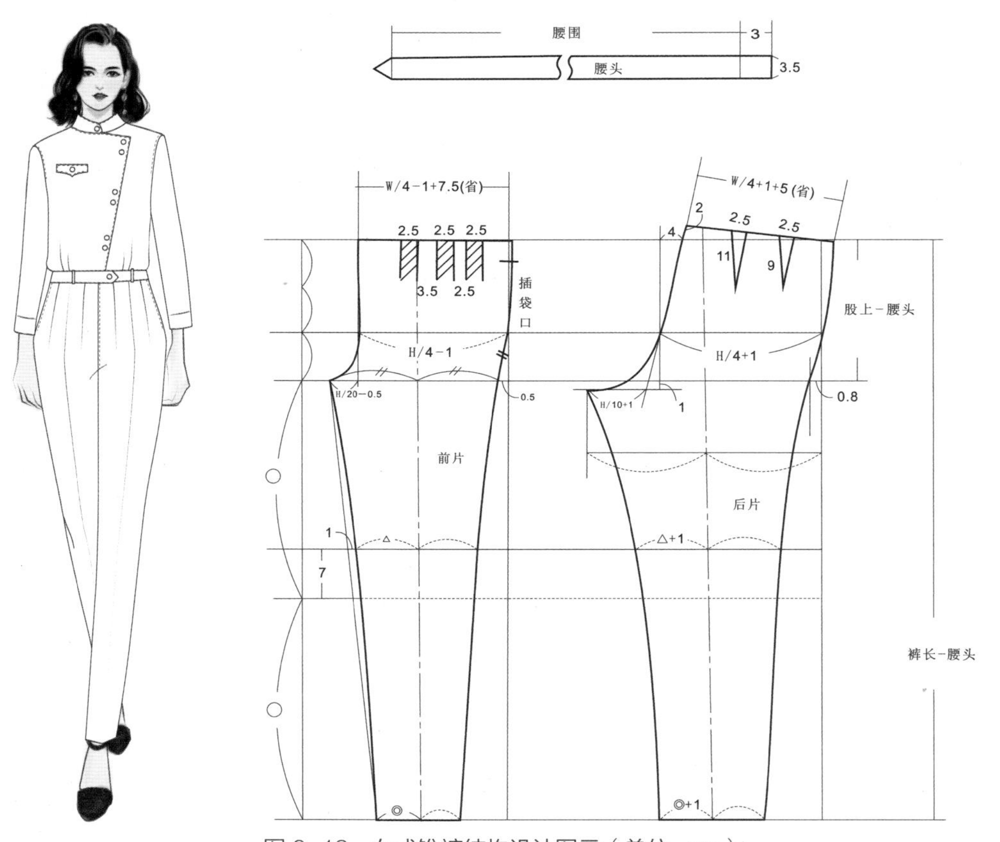

图 6-12　女式锥裤结构设计图示（单位：cm）

（三）制图说明

（1）锥裤是脚口小、臀围大的锥子造型，为了协调腰围和臀围的数据比例而将前片设计了3个省道，省道位置请参看图6-12。

（2）前片脚口=脚口-1cm，后片脚口=脚口+1cm。

（3）其他部位请参看图6-12。

三、女式牛仔裤结构设计

（一）制图规格

表6-5为女式牛仔裤结构设计制图规格。

表6-5　女式牛仔裤结构设计制图规格　单位：cm

号型	裤长	腰围	臀围	股上	脚口
160/66A	99	67	98	26	20

（二）结构设计图示

图6-13为女式牛仔裤结构设计图示。

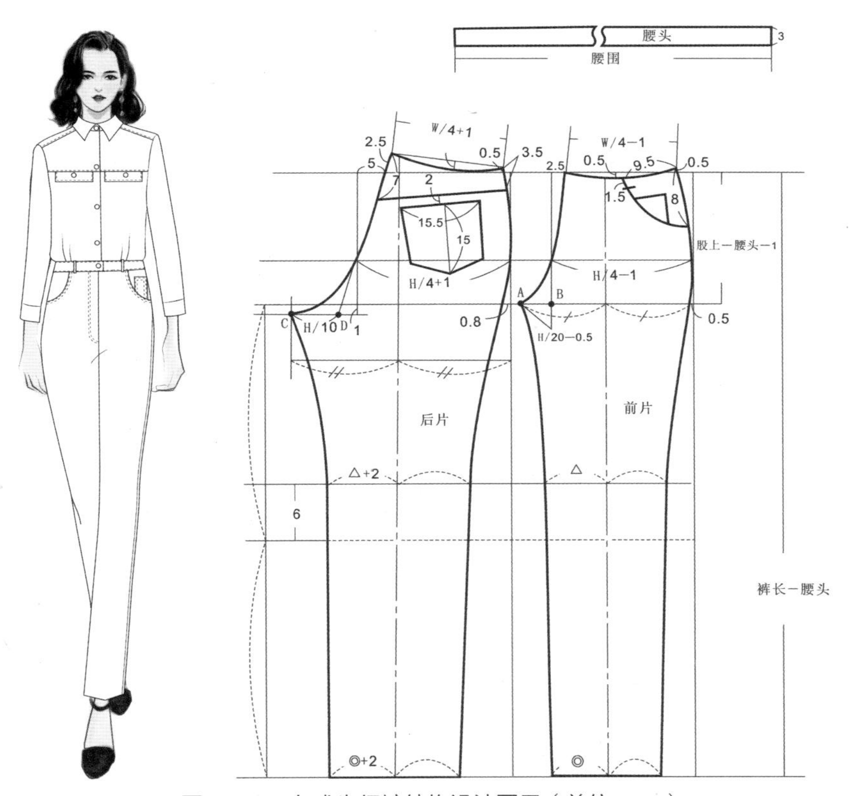

图6-13　女式牛仔裤结构设计图示（单位：cm）

（三）制图说明

1. 前片（结构图观察时顺时针旋转 90°）

（1）画基础线：在画纸的下方画一条水平线。

（2）画脚口线：在基础线的左端画一条垂直线，前脚口线=脚口−2cm。

（3）画腰围线：自脚口线向腰头方向平行量至裤长止（减腰头宽）画垂直线。前片腰围线=W/4−1cm，要求画成弧线。

（4）画横裆线：自腰头线平行向脚口方向平行量至股上尺寸（立裆）减腰头止画垂直线。横裆线外侧点要比臀围线侧点内收 0.5cm。

（5）确定臀围线：自横裆线至腰头线的 1/3 处画直垂线，前片臀围线=H/4−1cm。

（6）确定小裆宽：小裆宽即 AB=H/20−0.5cm，小裆宽也可以设计为定数 4cm。

（7）画中裆线：自脚口线至腰头线的 1/2 处上移 6cm 画直线确定中裆线。

（8）画烫迹线：在横裆线中点画水平线即烫迹线。

（9）袋的设计：请参看图 6−13。

（10）画前浪线：撇腹 2.5cm，然后画顺前浪线。

（11）完成前片：利用辅助点线完成前片结构制图。

2. 后片（结构图观察时顺时针旋转 90°）

（1）画基础线：在画纸下方画一条水平线作为基础线。

（2）画脚口线：在基础线的左端画一条垂直线，后脚口线=脚口+2cm。

（3）画腰头线：自脚口线向上量至裤长（不含腰头）止画垂直线为腰围线的辅助线，然后设计翘势 2.5cm 画腰围弧线，后片腰围线=W/4+1cm。

（4）画臀围线：后片臀围线的绘制方法和前片一样，后片臀围=H/4+1cm。

（5）画落裆线：自原横裆线平行下落 1cm 画直线 CD 即落裆线。

（6）画烫迹线：自 C 点至基础线的 1/2 处画一条水平线即烫迹线。

（7）画中裆线：方法同前片一样，后片中裆线=前片中裆线+4cm。

（8）画大裆宽：大裆宽 CD=H/10。

（9）画后浪线：后翘定为 2.5cm，然后画顺后浪线。

（10）画后截片：在整后片的基础上设计后截片。

（11）画贴袋：贴袋的大小和位置以美观为主，请参看图 6−13。

（12）完成后片：以各辅助点线为基础完成整片的绘制。

（13）腰头宽=3cm，长度=腰围。

四、女式连腰裤结构设计

（一）制图规格

表 6-6 为女式连腰裤结构设计制图规格。

表 6-6　女式连腰裤结构设计制图规格　　单位：cm

号型	裤长	腰围	臀围	股上	脚口
165/66A	101	68	11	28	16

（二）结构设计图示

图 6-14 为女式连腰裤结构设计图示。

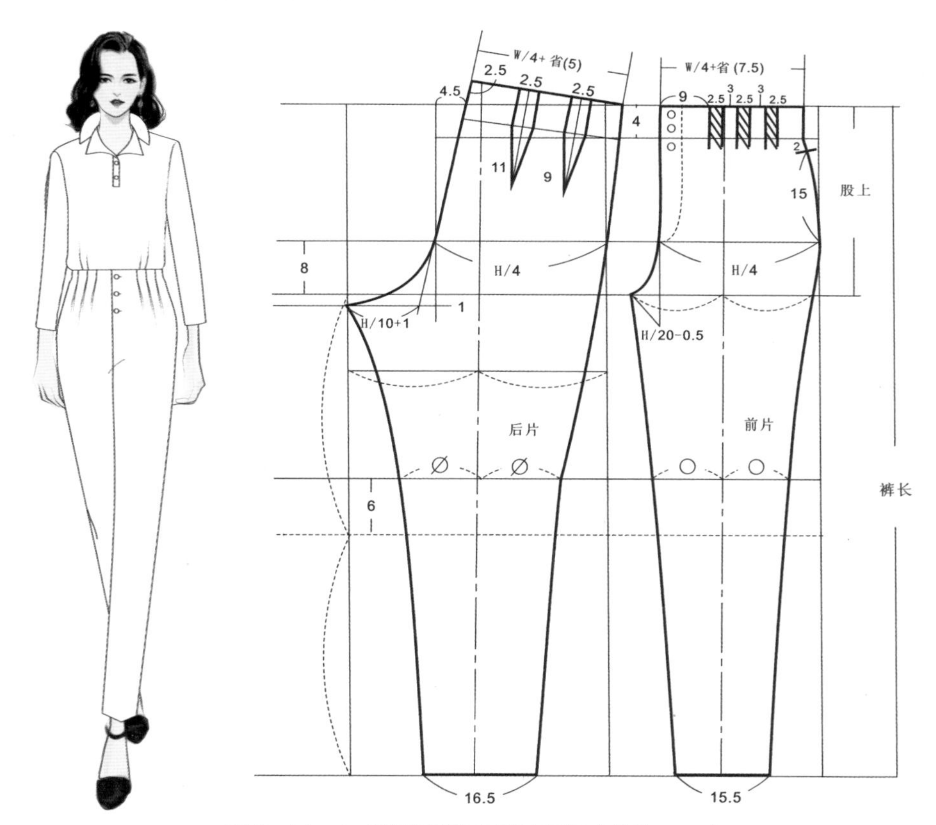

图 6-14　女式连腰裤结构设计图示（单位：cm）

（三）制图说明（结构图观察时顺时针旋转 90°）

连腰裤就是将腰头与裤片在结构上融为一体的款式设计，其他部分无特别之处。

（1）腰围线：前腰围线=W/4+7.5cm（褶份），前片设计了 3 个腰褶，褶大 2.5cm，褶间距 3cm；后腰围线=W/4+5cm（省量），后片设计了 2 个腰省，省大 2.5cm，位置是两个省中线正好将腰围线分为3等份；设腰头宽4cm。

（2）臀围线：横裆线向上移8cm画横裆线的平行线，前片臀围线=后片臀围线=1/4H。

（3）裆线：自裤长线的腰头处向下量至股上尺寸画基础线的垂直即横裆线；横裆线下落1cm即落裆线；脚口线至横裆线的1/2处向上移6cm画横裆线的平行线即中裆线。

（4）插袋位置、门襟位置请参看图6-14。

五、女式吊带裤结构设计

（一）制图规格

表6-7为女式吊带裤结构设计制图规格。

表6-7　女式吊带裤结构设计制图规格　　单位：cm

号型	裤长	腰围	臀围	胸围	股上	前腰节	后腰节	脚口
165/66A	143	77	112	98	27	41	39	22

（二）结构设计图示

图6-15为女式吊带裤结构设计图示。

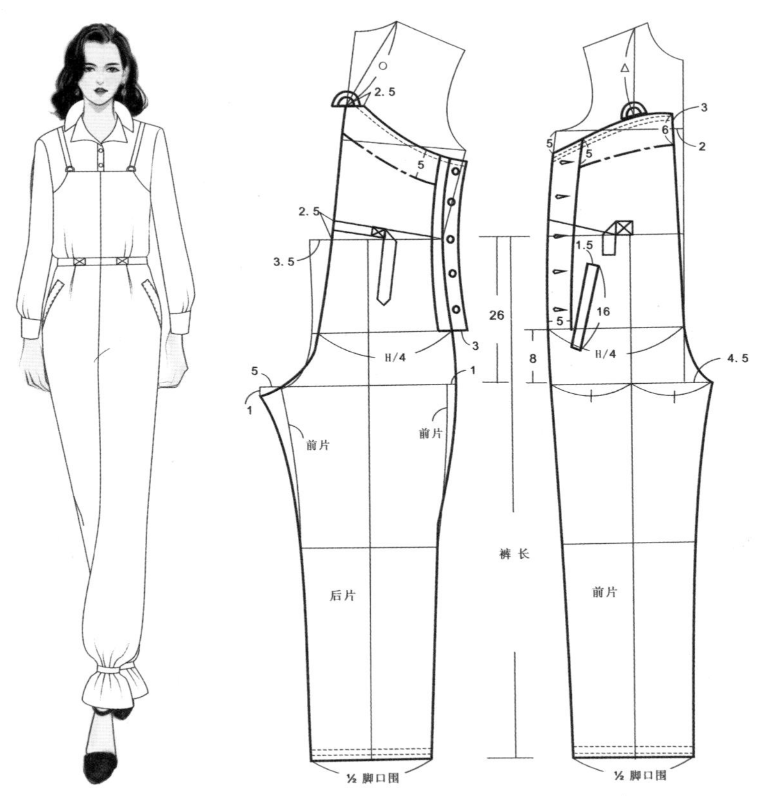

图6-15　女式吊带裤结构设计图示（单位：cm）

（三）制图说明

（1）完成上衣原型的结构图。

（2）绘制腰节以下的前裤片。

（3）在前裤片的基础上绘制腰节以下的后裤片。

（4）将上衣原型与裤片对接，然后整体协调设计。

（5）裤长按从吊带顶端量至脚口止。

（6）侧开门、插袋、吊带、脚口袢、腰袢等设计参看图 6-15。

六、女式对褶宽松裤结构设计

（一）制图规格

表 6-8 为女式对褶宽松裤结构设计制图规格。

表 6-8　女式对褶宽松裤结构设计制图规格　　单位：cm

号型	裤长	腰围	臀围	股上	脚口
165/67A	103	68	108	28	16

（二）结构设计图示

图 6-16 为女式对褶宽松裤结构设计图示。

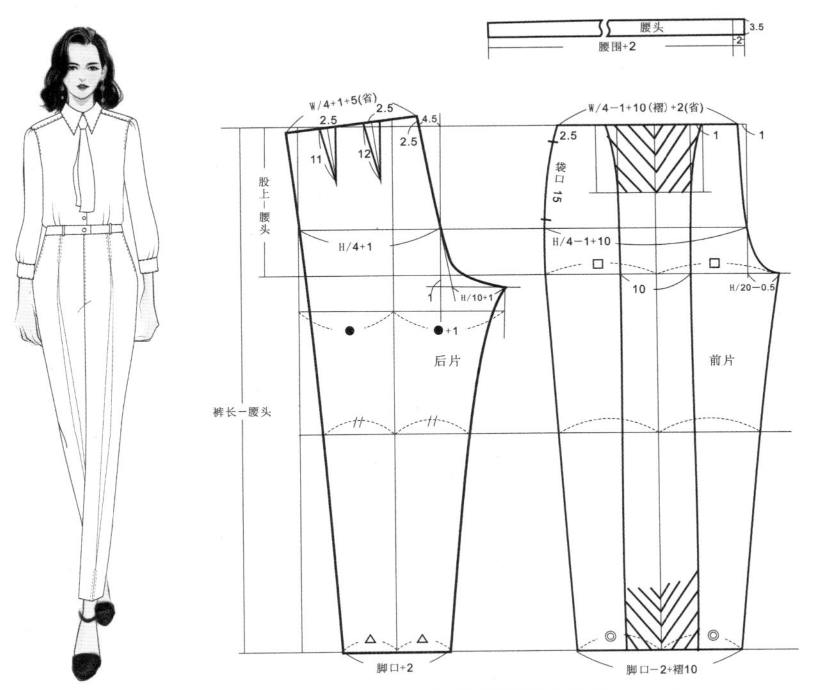

图 6-16　女式对褶宽松裤结构设计图示（单位：cm）

（三）制图说明

1. 前片

（1）按常规在练习纸上绘制好前片，然后沿烫迹线剪开平移褶大 10cm，最后沿边线完成前片的绘制。

（2）前片腰围线=W/4−1cm+10cm（褶份）+2cm（省量）。

（3）臀围线=H/4−1cm+10cm（褶份）。

（4）臀围线的位置请参看“裤子基本型”的结构部分。

（5）脚口线=脚口−2cm+10cm。

（6）小裆宽=H/20−0.5cm。

2. 后片（结构图观察时逆时针旋转 90°）

（1）画基础线：在画纸下方画一条水平线作为基础线。

（2）画脚口线：在基础线的右端画一条垂直线，后脚口线=脚口+2cm。

（3）画腰头线：自脚口线向上量至裤长（不含腰头）止画垂直线，后片腰围线=W/4+1cm+5cm（省量）。

（4）画臀围线：后片臀围线=H/4+1cm。

（5）画落裆线：自原横裆线平行下落 1cm 画直线即落裆线。

（6）画烫迹线：请参阅“裤子基本型”的结构部分。

（7）画中裆线：请参阅“裤子基本型”的结构部分。

（8）画大裆宽：大裆宽=H/10+1cm。

（9）画后浪线：请参阅“裤子基本型”的结构部分。

（10）省道：后片设计两个省道，腰头线分三等份确定省的位置，靠浪线边的省道长约 12cm，另一个长约 11cm，省中线垂直于腰头线。

（11）确定翘势：翘势设为定数 2.5cm。

（12）完成后片：以各辅助点线为基础完成整片的绘制。

（13）画腰头：腰头宽=3.5cm，腰头长=腰围+2cm。

（14）口袋：请参看图 6−16。

七、男式西裤结构设计

（一）制图规格

表 6−9 为男式西裤结构设计制图规格。

表 6-9　男式西裤结构设计制图规格　　单位：cm

号型	裤长	腰围	臀围	股上	脚口
167/76A	103	78	114	28	22

（二）结构设计图示

图 6-17 为男式西裤结构设计图示。

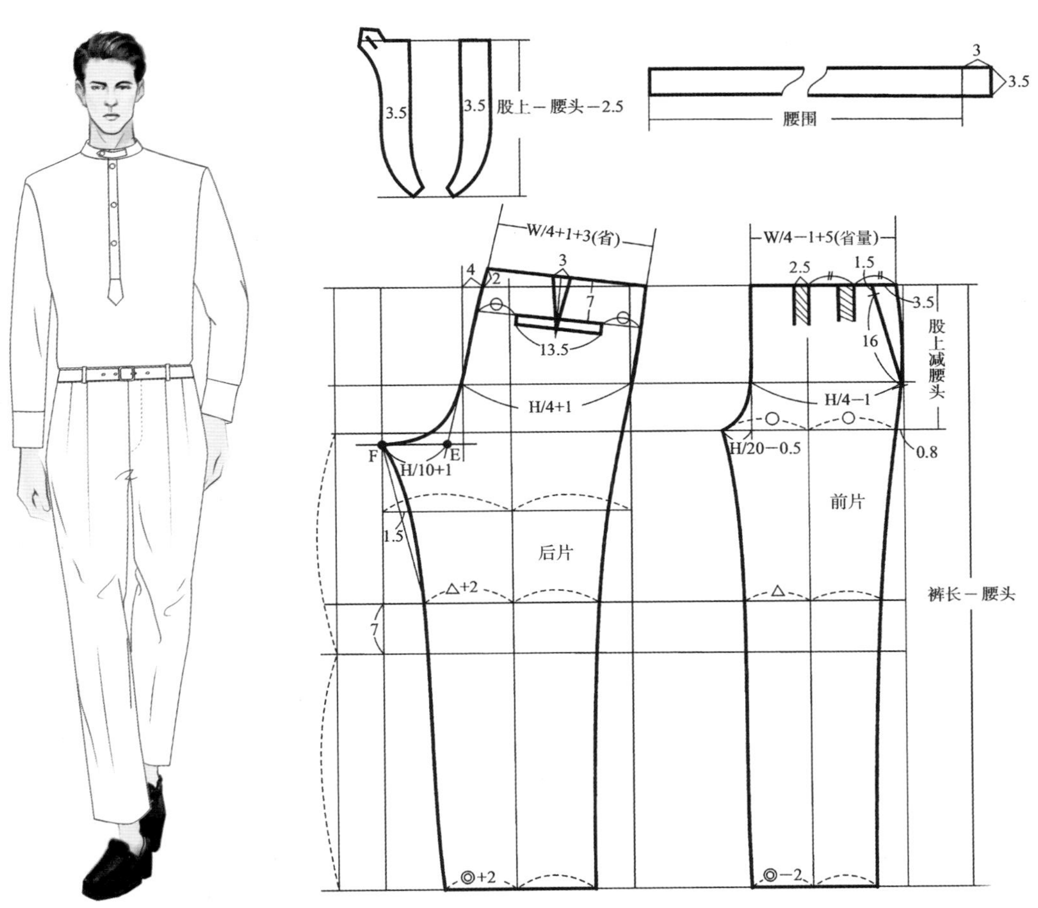

图 6-17　男式西裤结构设计图示（单位：cm）

（三）制图说明

1. 前片（结构图观察时顺时针旋转 90°）

（1）画基础线：在画纸的下方画一条水平线作为基础线。

（2）画脚口线：在基础线的左端画一条垂直线，前片脚口线=脚口−2cm。

（3）画腰围线：自脚口线向腰头方向平行量至裤长（不含腰头宽）止画垂直线，前片腰围线=W/4-1cm+5cm（省量）。

（4）画横裆线：自腰围线平行向脚口方向量至股上尺寸止画垂直线，横裆线外侧点要比臀围线侧点内收0.8cm。

（5）确定臀围线：自横裆线至腰头线下方的1/3处画直线即臀围线，前片臀围线=H/4-1cm。

（6）画小裆宽：小裆宽=H/20-0.5cm，小裆宽也可以设为定数4.5 cm。

（7）画中裆线：自脚口线至腰头线的1/2处上移7cm画直线。

（8）画烫迹线：在横裆线中点画水平线即烫迹线。

（9）设计腰褶：前片设计2个腰褶，每个褶大2.5cm，位置参看图6-17。

（10）插袋设计：参看图6-17。

（11）完成前片：利用辅助点线完成前片结构制图。

2. 后片（结构图观察时顺时针旋转90°）

（1）画基础线：在画纸下方画一条水平线作为基础线。

（2）画脚口线：在基础线的左端画一条垂直线，后脚口线=脚口+2cm。

（3）画腰头线：自脚口线向上量至裤长（不含腰头）止画垂直线，后片腰围线=W/4+1cm+3cm（省量）。

（4）画臀围线：后片臀围线的绘制方法和前片一样，后片臀围线=H/4+1cm。

（5）画落裆线：自原横裆线平行下落1cm画直线FE即落裆线。

（6）画烫迹线：自F点至基础线的1/2处画一条水平线即烫迹线。

（7）画中裆线：方法同前片，后片中裆线=前片中裆线+4cm。

（8）画大裆宽：大裆宽FE=H/10+1cm。

（9）画后浪线：请参阅“裤子基本型”的结构部分。

（10）省道：后片设计一个省道，省道大3cm，长度到挖袋袋片下0.5cm，也可以设计2个省道。

（11）确定翘势：翘势设为定数2.5cm。

（12）完成后片：以各辅助点线为基础完成整片的绘制。

（13）画腰头：腰头宽=3.5cm，腰头长=腰围。

（14）口袋、门襟、里襟：参看图6-17。

八、女式马裤结构设计

（一）制图规格

表6-10为女式马裤结构设计制图规格。

表 6-10　女式马裤结构设计制图规格　　单位：cm

号型	裤长	腰围	臀围	股上	脚口
165/67A	101	68	110	28	13.5

（二）结构设计图示

图 6-18 为女式马裤结构设计图示。

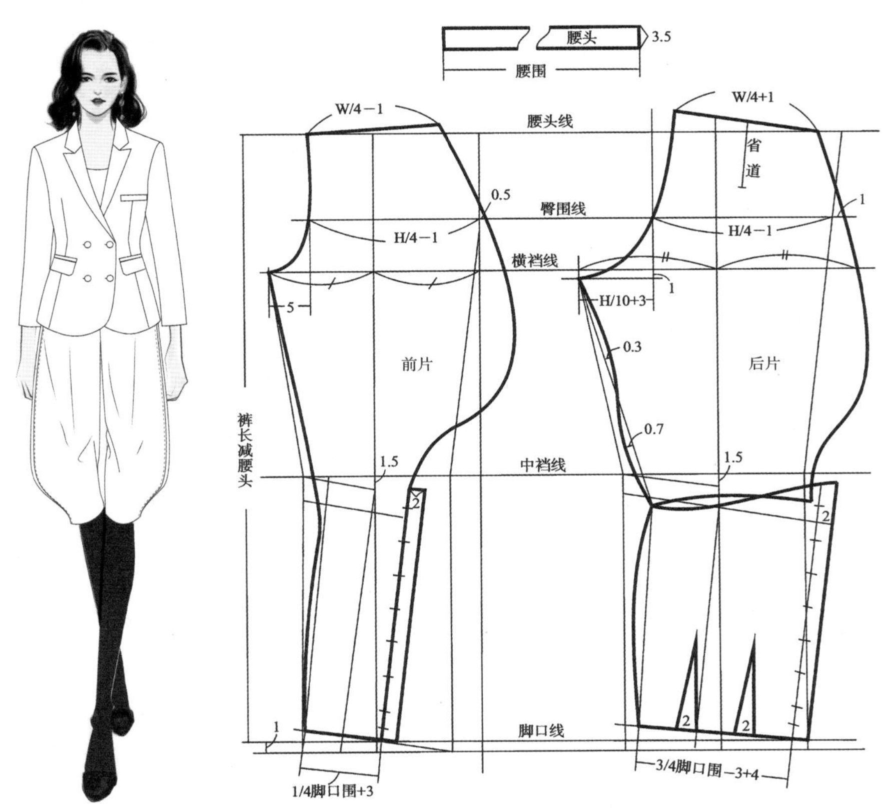

图 6-18　女式马裤结构设计图示（单位：cm）

（三）制图说明

（1）马裤在裤型结构中是比较复杂的。由于马裤要符合骑马的特别功能，所以两腿的内侧和小腿部分都要设计成贴身的结构。

（2）马裤的结构设计可以在裤子的基本结构图的基础上进行修正设计。

（3）马裤中裆线以上外侧缝线的造型，可以适当地有所变化，但要保持马裤的特有风格。

（4）前片一般不设计省道，而设计侧插袋，插袋的造型可根据需要设计成不同的风格。后片一般设有一个腰省，省大约 3cm，但也可以不设计腰省。

（5）马裤中裆线以下的小腿部造型，一般是比较贴体的，所以进行结构设计时人体数据的准确性很重要。

（6）后片脚口设计 2 个省道来协调小腿的结构需要。两侧的纽扣数量约 8 粒，脚口的设计要贴体，以保持马裤之风格。

九、裙裤结构设计

（一）裙裤基本型结构设计

1. 制图规格

表 6-11 为裙裤基本型结构设计制图规格。

表 6-11　裙裤基本型结构设计制图规格　　单位：cm

号型	裤长	腰围	臀围	股上
165/67A	50	69	104	28

2. 结构设计图示

图 6-19 为裙裤基本型结构设计图示。

3. 制图说明（结构图观察时逆时针旋转 90°）

（1）画基础线：在画纸下方画一条水平线①作为基础线。

（2）画腰头线：自基础线向上量至裤长（不含腰头）止画垂直线③，然后设计后翘势 1cm 画腰围弧线。后片腰围线=W/4+2cm（省量）；前片腰围线=W/4+3cm（省量），前片腰围线内撇 1cm。

（3）画裆线：自腰头线③向下量至股上尺寸止画直线⑤。前片裆宽=H/10-1cm，后片裆宽=H/10+1cm。

（4）画臀围线：在腰围线③与裆线⑤之间的 1/3 处画垂直线⑥。前片臀围=后片臀围=H/4。

（5）画侧缝线：在臀围线中点画垂直线⑦分开前后片，然后修正侧缝线。D 点和 E 点的位置根据款式的不同可以调整。

（6）画省道：前后片各设计一个省道，前片省长 10cm，宽 2cm；后片省长 12cm，宽 3cm。位置都在各片腰围线中点。

（7）画腰头：宽=3.5cm，长=腰围+3cm。

（8）口袋、脚口、内侧缝线等：参看图 6-19。

（9）完成裤片制图：根据辅助点线画顺各部位，完成裤片制图。

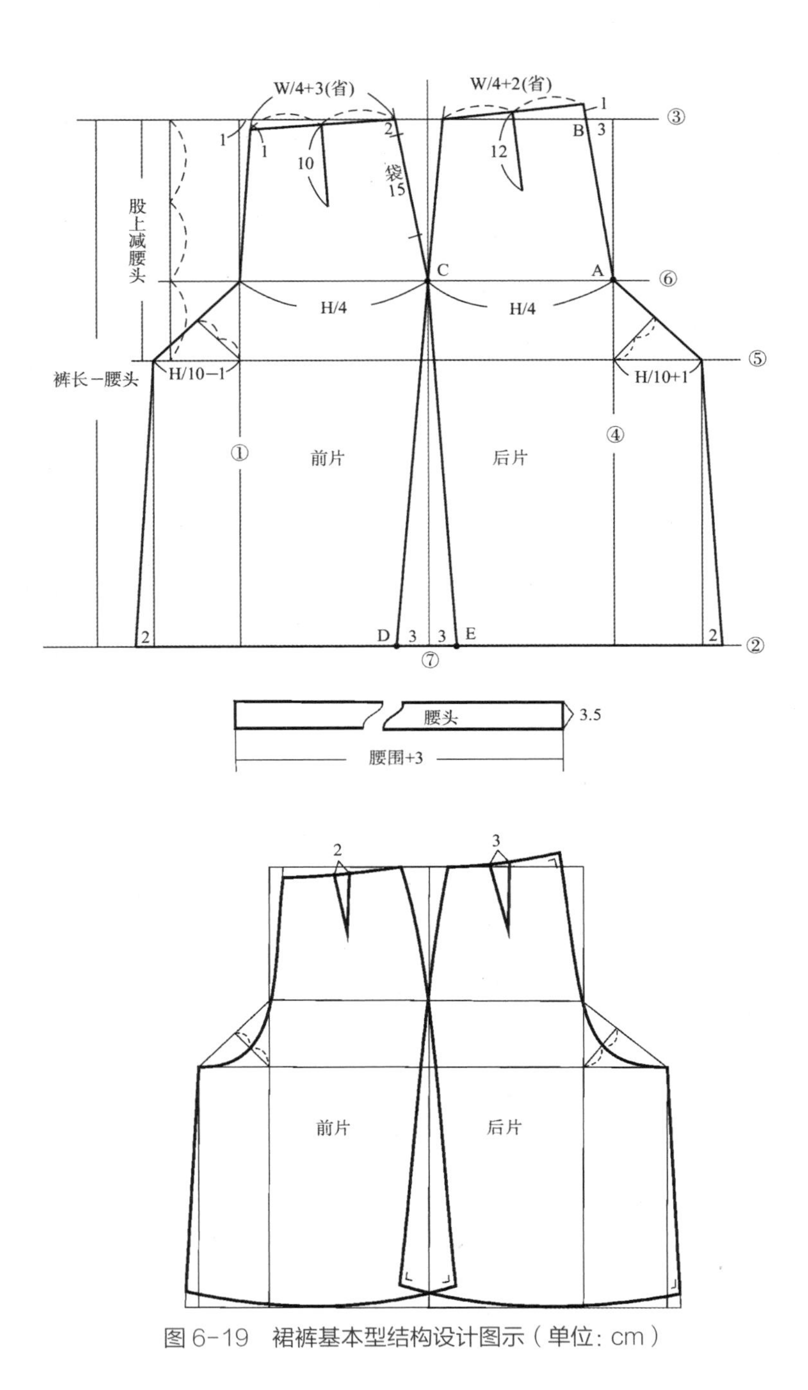

图 6-19 裙裤基本型结构设计图示（单位：cm）

（二）加褶裙裤结构设计

1. 制图规格

表 6-12 为加褶裙裤结构设计制图规格。

表 6-12　加褶裙裤结构设计制图规格　　单位：cm

号型	裤长	腰围	臀围	股上
165/67A	50	69	102	28

2. 结构设计图示

图 6-20 为加褶裙裤结构设计图示。

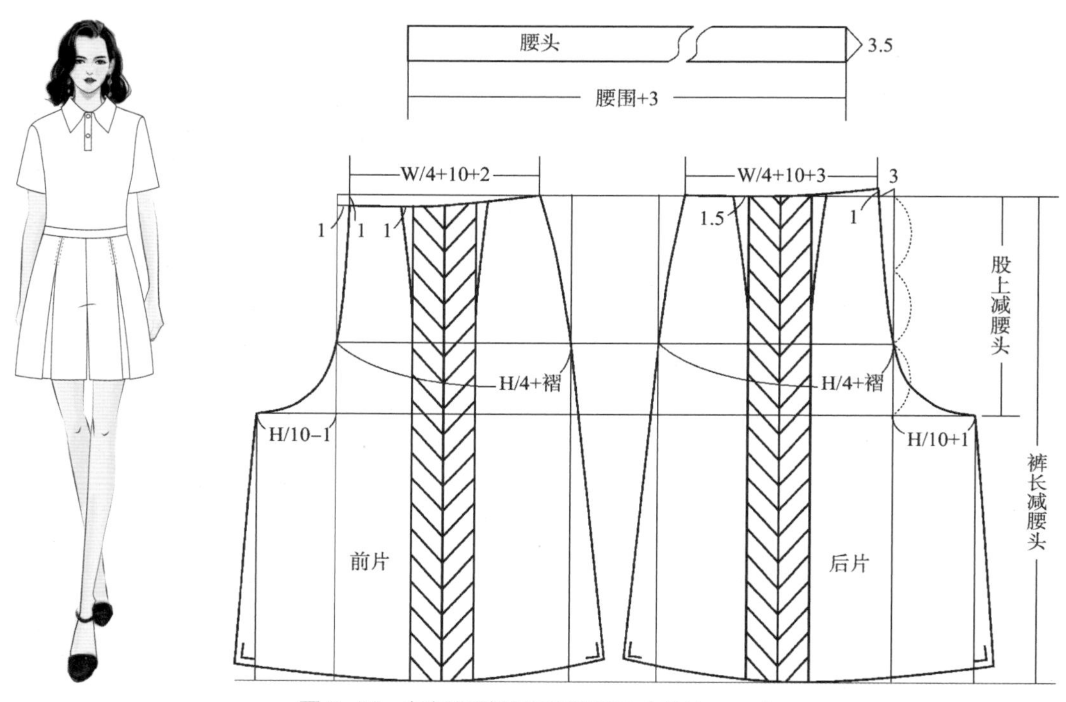

图 6-20　加褶裙裤结构设计图示（单位：cm）

3. 制图说明

在裙裤基本型结构的基础上绘制，将原省道剪开后加入 10cm 褶份。

（三）高腰多褶式裙裤结构设计

1. 制图规格

表 6-13 为高腰多褶式裙裤结构设计制图规格。

表 6-13　高腰多褶式裙裤结构设计制图规格　　单位：cm

号型	裤长	腰围	臀围	股上
160/63A	58	66	100	27

2. 结构设计图示

图 6-21 为高腰多褶式裙裤结构设计图示。

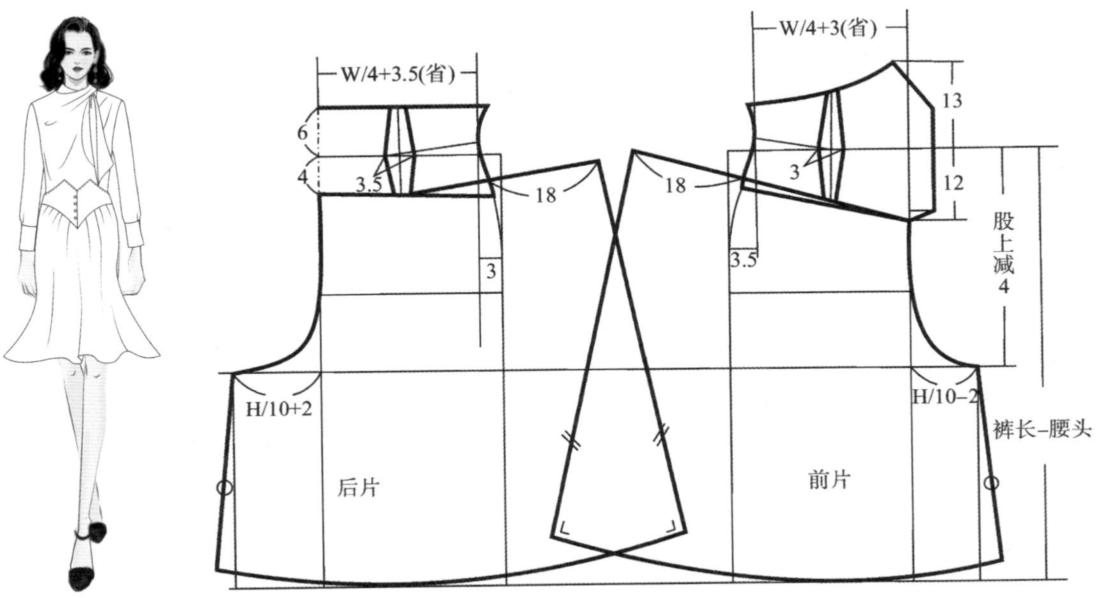

图 6-21　高腰多褶式裙裤结构设计图示（单位：cm）

十、短裤结构设计

（一）短裤裆线结构变化图解

图 6-22 为短裤裆线结构变化图解。

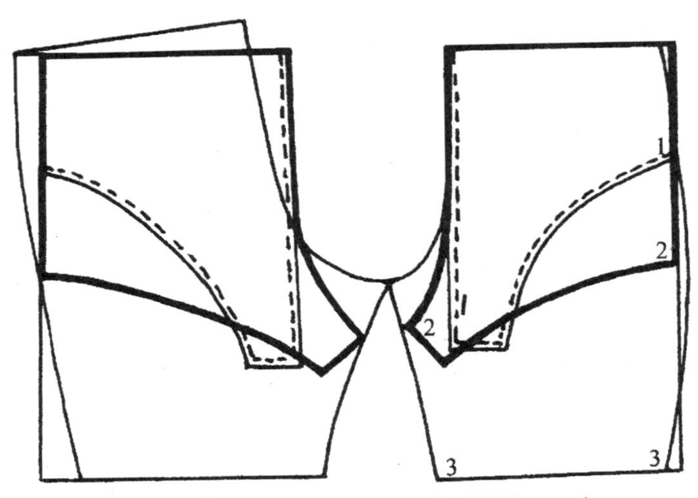

图 6-22　短裤裆线结构变化图解（单位：cm）

（二）女式三角裤结构图解

图 6-23 为女式三角裤结构图解。

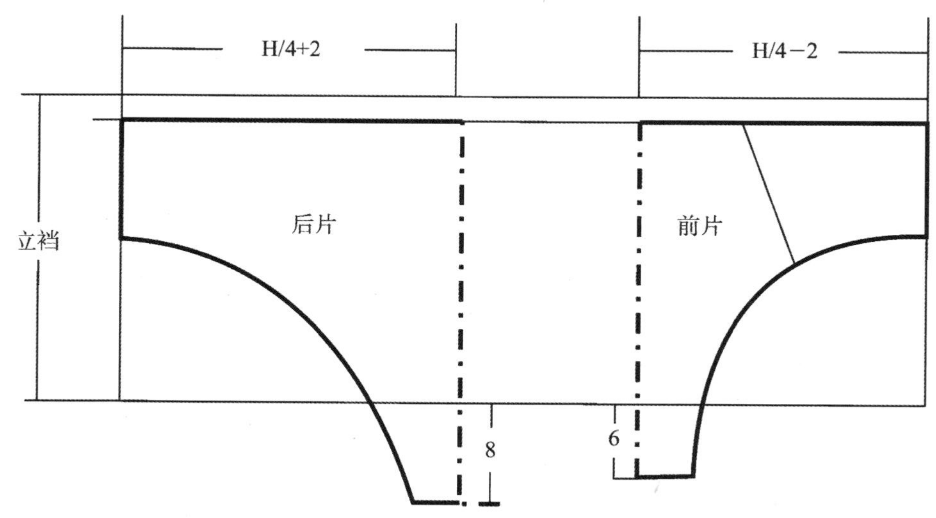

图 6-23　女式三角裤结构图解（单位：cm）

（三）加松紧带短裤结构图解

图 6-24 为加松紧带短裤结构图解。

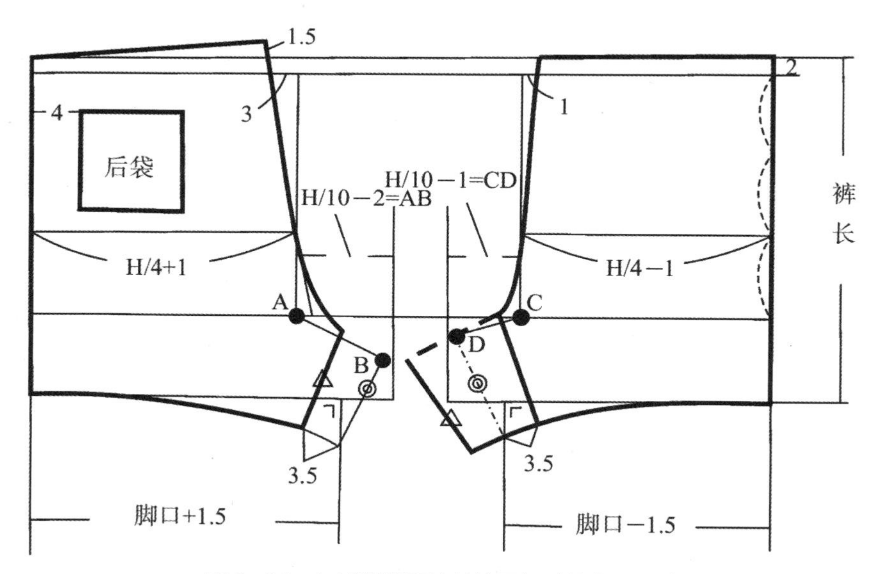

图 6-24　加松紧带短裤结构图解（单位：cm）

（四）收省短裤结构图解

图 6-25 为收省短裤结构图解。

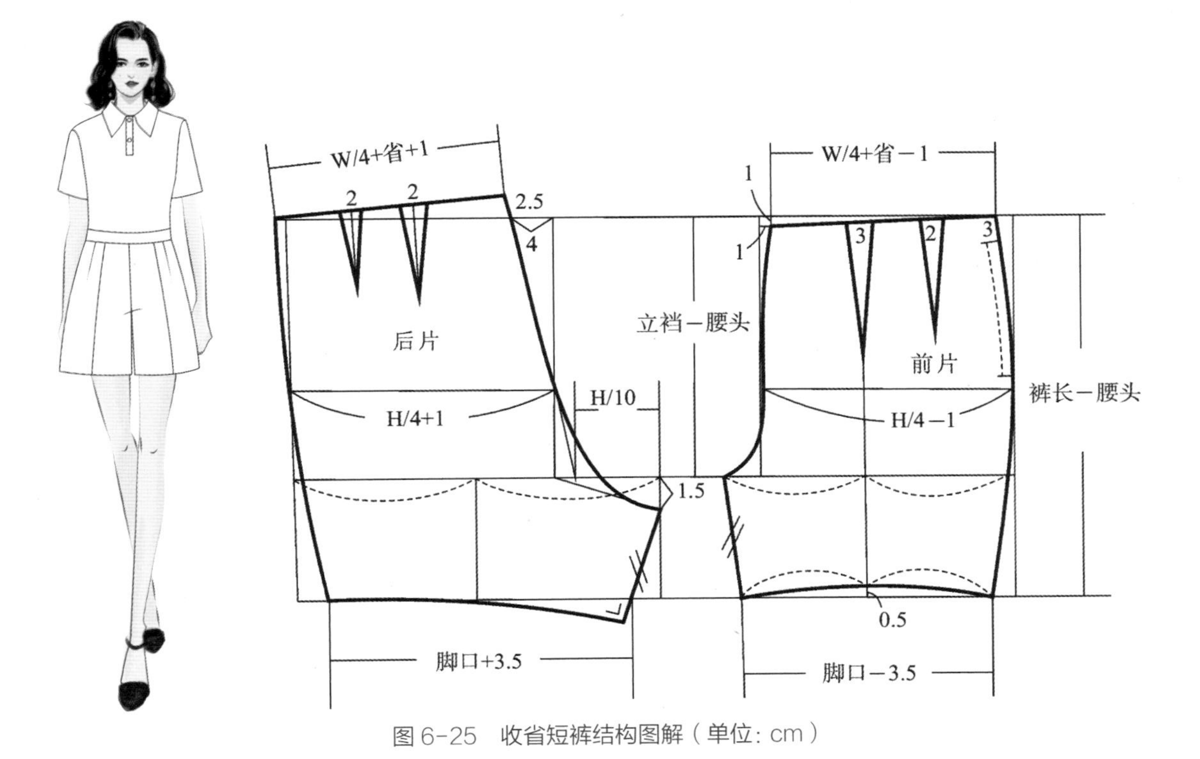

图6-25　收省短裤结构图解（单位：cm）

第七章
服装典型款式结构设计

现代服装的种类繁多，造型多样，如何为形态新颖、款式多变的服装正确地绘制出相应的裁剪图是学习服装结构设计课程需要掌握的手法和技巧。学习服装经典款式的结构设计可以了解基本图形的变化，举一反三地解决结构设计的许多问题。这种方法不仅简单灵活、准确方便，而且适用范围广。

由于服装起源的历史和地缘的不同，服装的基本形态、品种、用途、制作方法也不尽相同，各类服装还表现出不同的风格与特色。下面对一些典型款式进行结构分解。

一、男式衬衫结构设计

（一）制图规格

表 7-1 为男式衬衫结构设计制图规格。

表 7-1　男式衬衫结构设计制图规格　　单位：cm

号型	衣长	胸围	肩宽	领围	袖长	克夫
172/88	76	110	47	41	59	25×6

（二）图解

图 7-1 为男式衬衫结构设计图解。

（三）制图说明

1. 前片

（1）画衣长：前片衣长=衣长-2cm。

（2）画胸围：胸围=B/4，前片宽=B/4+2cm（叠门）。

（3）画肩宽：肩宽=1/2 肩宽-0.5cm。

（4）画落肩：落肩=5cm。

（5）画前胸宽：肩斜线侧点 B 点向前中线方向水平移 2.5cm 画垂直线。

（6）确定纽位：纽扣 6 粒，第一粒设在领座，第一粒到第二粒的间距比其他纽距约小 2cm，最下一粒纽扣约距下摆线 1/4 衣长。

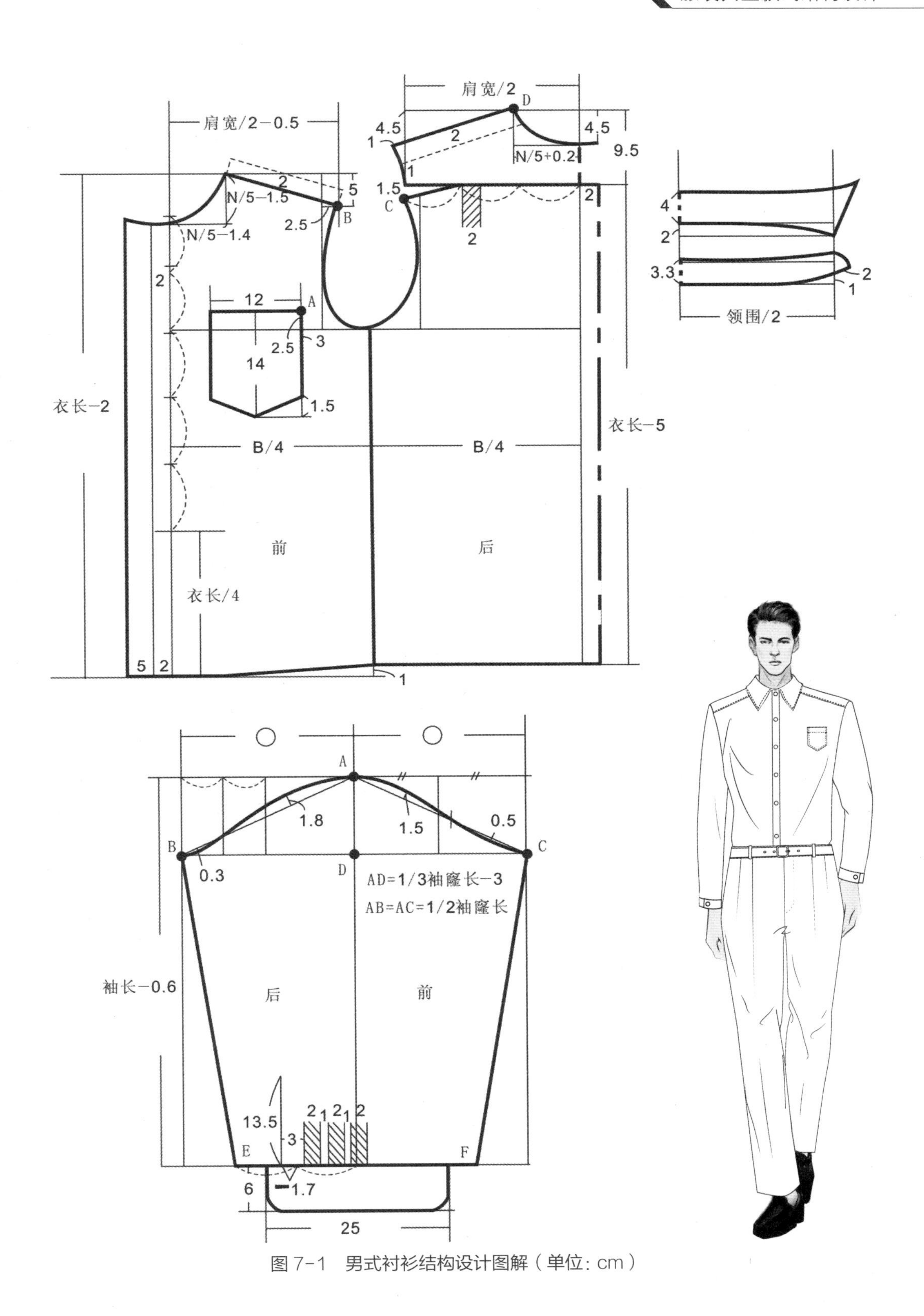

图 7-1 男式衬衫结构设计图解（单位：cm）

（7）设计口袋大小与位置：贴袋左上角（靠胸宽线的上角）点即A点，A点距前宽线约3cm、距袖窿深线约2.5cm。袋宽12cm，袋长14cm。

（8）设计领口：领宽=N/5−1.4cm，领深=N/5−1.5cm。

（9）说明：肩部虚线部分是原前片剪去的部分，拼到原后片肩斜线上再设计过肩片。

2. 后片

（1）画衣长：后片长=衣长−5cm。

（2）画胸围：后片宽= B/4+2cm（褶量）。

（3）画后背宽：后片C点向后中线方向水平移动1.5cm画垂直线。

（4）画后肩褶：参看图7−1。

3. 过肩

（1）先将前后片按无过肩款式画好，然后自前片肩线平行下量2cm剪开，取剪下的肩片接于后片肩部，再自顶点D点垂直下量9.5cm画水平线即形成过肩，如图7−1所示。

（2）单独画过肩结构片：过肩宽=9.5cm；长=1/2肩宽、肩斜线长出过肩长1cm；领口深=4.5cm，领口宽=N/5+0.2cm；落肩=4.5cm。

4. 袖片

（1）画袖长：参看图7−1。

（2）确定袖山高：袖山高=1/3袖窿长−3cm。根据整体结构的需要，有时袖山高可做适当的调整。

（3）画袖山斜线：袖山斜线AB=AC=1/2袖窿长。

（4）画顺袖山弧线：参看图7−1。

（5）画袖褶：袖褶设3个，每褶大2cm，间距1cm，第一个褶距袖衩约3cm。

（6）袖衩和克夫：参看图7−1。

5. 领子

领子的设计参看图7−1。

二、男式拉链衫结构设计

（一）制图规格

表7−2为男式拉链衫结构设计制图规格。

表 7-2 男式拉链衫结构设计制图规格 单位：cm

号型	衣长	胸围	肩宽	领围	袖长	袖口
170/86	76	116	50	44	60	16

（二）男式拉链衫结构设计图解

图 7-2 为男式拉链衫结构设计图解。

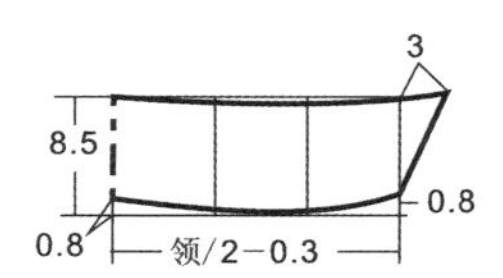

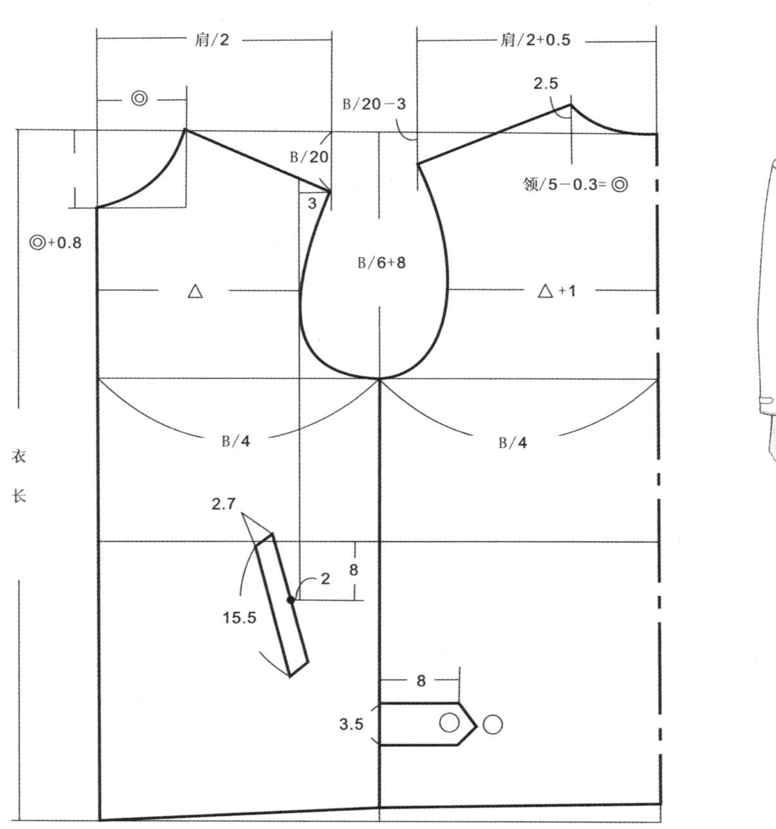

图 7-2 男式拉链衫结构设计图解（单位：cm）

（三）男式拉链衫结构设计制图说明

（1）该款式结构设计简单，基本上是原型的方法。

（2）袖型结构参看图 7-1。

（3）领型设计如图 7-2 所示。

三、男式牛仔夹克结构设计

（一）男式牛仔夹克结构设计制图规格

表 7-3 为男式牛仔夹克结构设计制图规格。

表 7-3　男式牛仔夹克结构设计制图规格　　单位：cm

号型	衣长	胸围	肩宽	领围	袖长	袖头
165/86	66	114	48	49	58	4.5×28

（二）男式牛仔夹克结构设计图解

图 7-3 和图 7-4 分别为男式牛仔夹克衣身及袖片和领子结构设计图解。

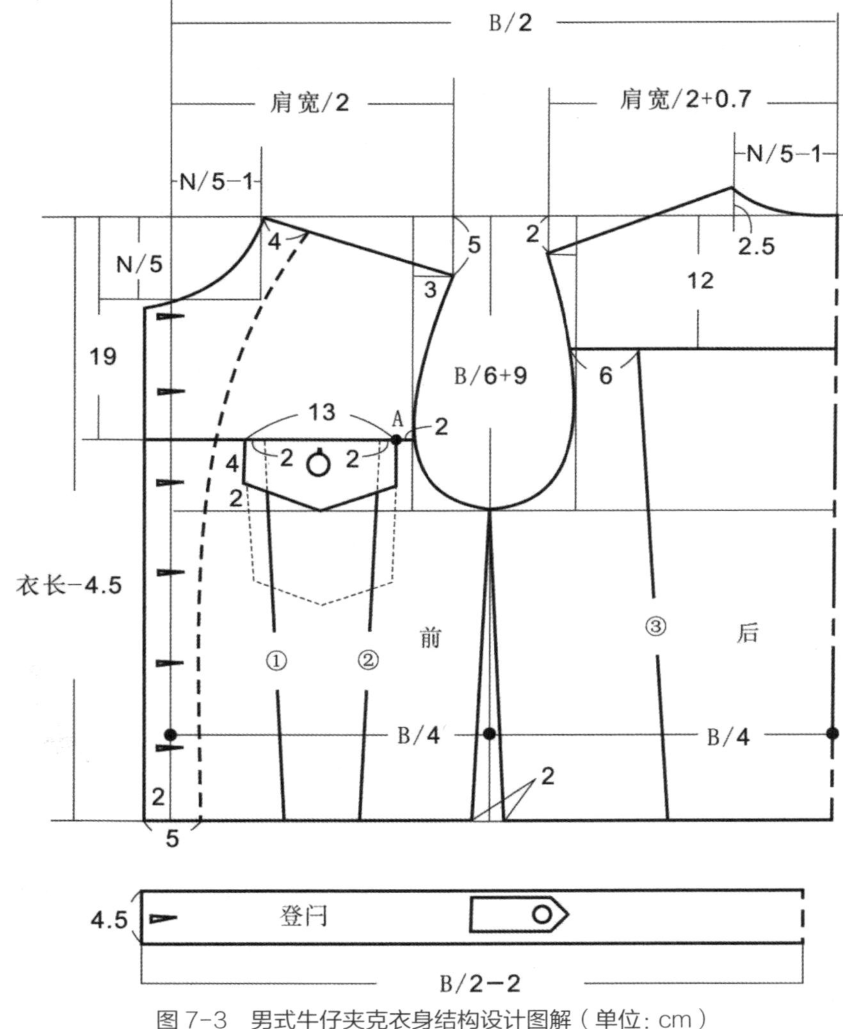

图 7-3　男式牛仔夹克衣身结构设计图解（单位：cm）

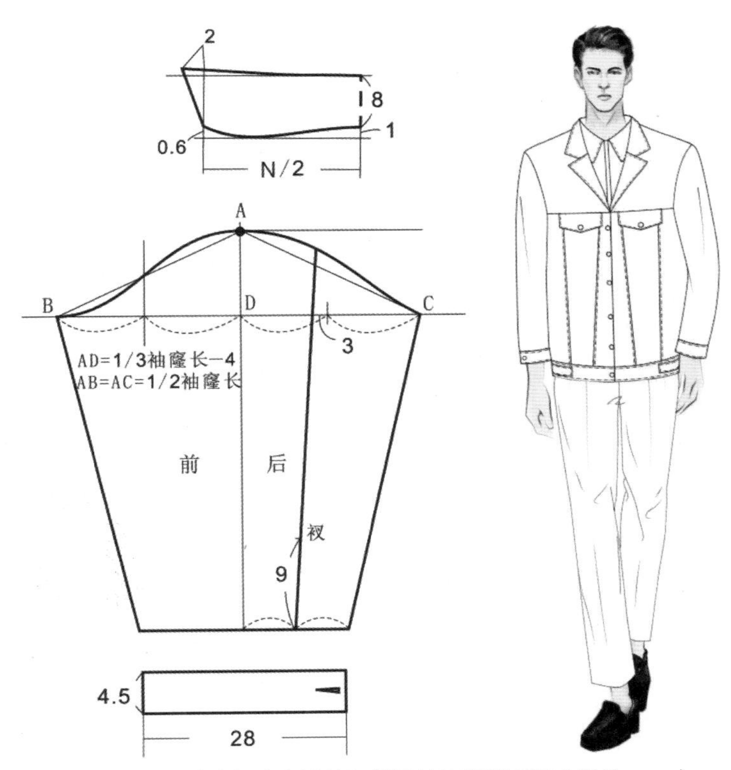

图 7-4　男式牛仔夹克袖片和领子结构设计图解（单位：cm）

（三）男式牛仔夹克结构设计制图说明

1. 衣片

（1）领口：前领深=N/5，前领宽=N/5−1cm；后领深=定数 2.5cm，后领宽=N/5−1cm。

（2）落肩：前片落肩=定数 5cm；后片落肩=定数 4.5cm。

（3）口袋：袋盖=13cm × 6cm（含下拉角），位置是在前片分割线上自前胸宽线向中移 2cm 定 A 点。

（4）袖窿深：袖窿深=B/6+9cm。

（5）分割线斜度：分割线①、②、③的斜度没有具体规定，可以根据最佳视觉效果而定。

（6）登闩：登闩=4.5cm ×（B/2−2cm）。

（7）胸围：前片胸围=B/4+2cm（叠门）；后片胸围=B/4。

2. 袖片、领子

袖片、领子的设计参看图 7-4。

四、女式大下摆外套结构设计

（一）女式大下摆外套结构设计制图规格

表 7-4 为女式大下摆外套结构设计制图规格。

表 7-4　女式大下摆外套结构设计制图规格　　单位：cm

号型	衣长	胸围	肩宽	领宽	袖长	袖口
165/84	76	106	46	11	58	15.5

（二）女式大下摆外套结构设计图解

图 7-5 为女式大下摆外套结构设计图解。

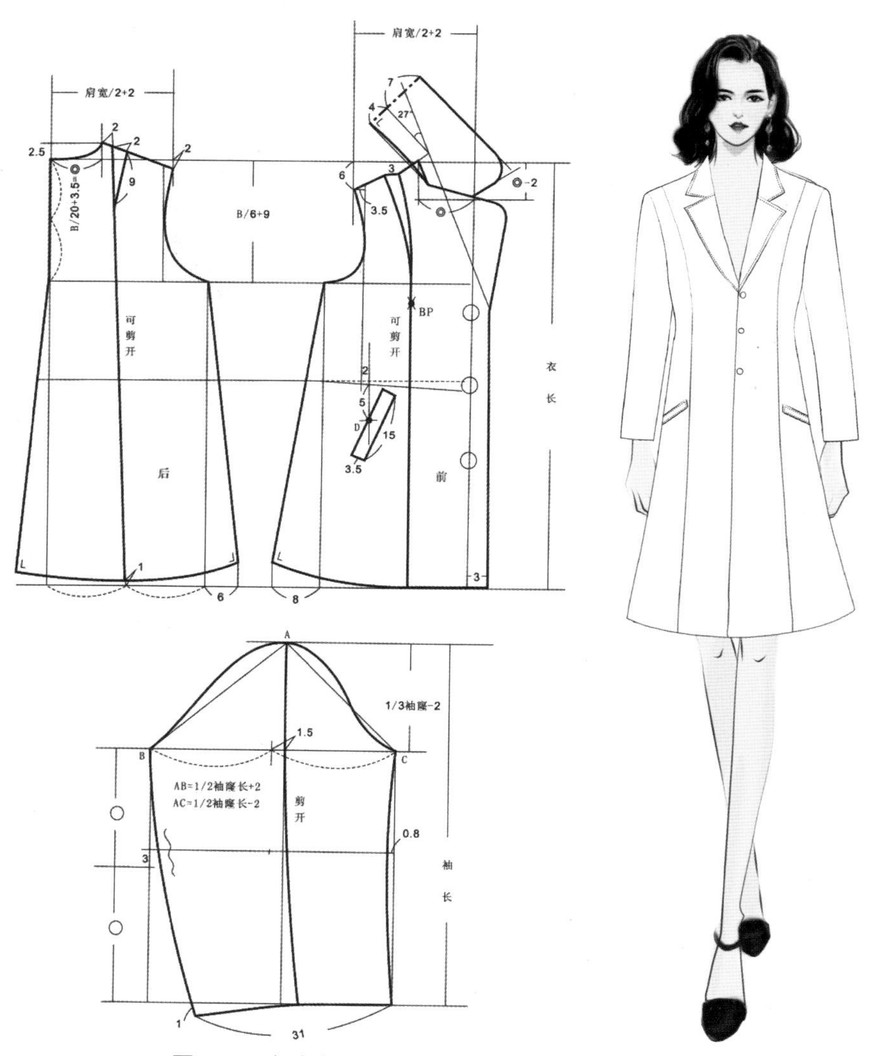

图 7-5　女式大下摆外套结构设计图解（单位：cm）

第八章
服装推板技术与技术文件

设计与制订工业样板是服装生产过程中不可缺少的一个重要环节，对后续的服装生产起着至关重要的作用。从设计到样板制订再到服装打样的过程决定了样板设计得准确与否，在相当大的程度上决定着成衣的品质和商品性能。

第一节 推板概述

服装工业的规模随着新技术、新工艺、新设备、新材料的发展呈现出扩大的趋势，生产效率也不断得以提高。这些都必须有强大的技术力量作为后盾，而技术力量的主导因素就是服装工业纸样的正确性。

服装工业纸样是成衣加工企业有组织、有计划、有步骤，保质保量地进行生产的保证。

一、推板要求与注意事项

（1）在推板前要对各部位的档差数值进行合理的分配，严格按照标准数据进行放缩，使推出的板型与母板板型的特征最大限度地相同。

（2）当制作客户的订单时，一定要严格按客户订单上的数据认真地进行制版和推板，切不可随意改动客户订单上的有关数据，如果有的地方确实需要修正，一定要事先征得客户方的同意。

二、原型推板

（一）原型规格系列设置

表8-1为原型规格系列设置。

表8-1 原型规格系列设置 单位：cm

部位＼号型	155/76A	160/80A	165/84A	170/88A	175/92A	档差值
腰节长	38	40	42	44	46	2
胸围	88	92	96	100	104	4
肩宽	36.6	37.8	39	40.2	41.4	1.2
袖长	54.5	56	57.5	59	60.5	1.5
袖口大	12.4	13.2	14	14.8	15.6	0.8

（二）推板图解

图8-1～图8-3分别为前片、后片、袖片原型推板图解。

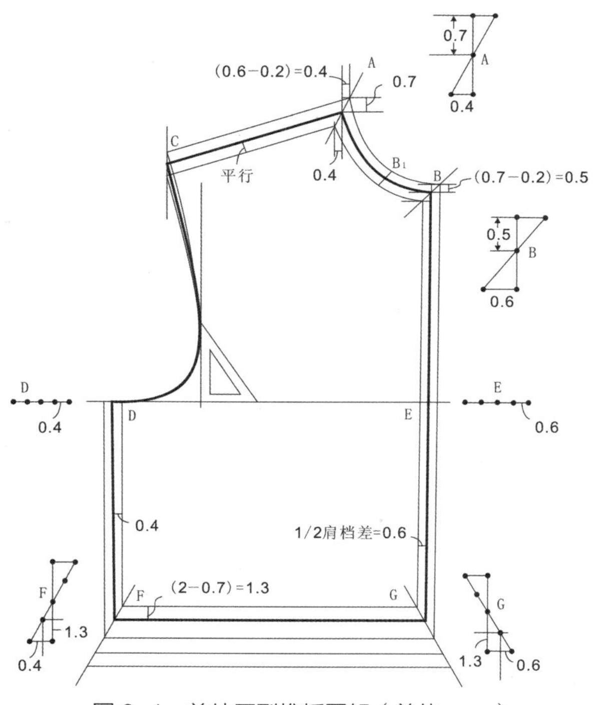

图 8-1　前片原型推板图解（单位：cm）

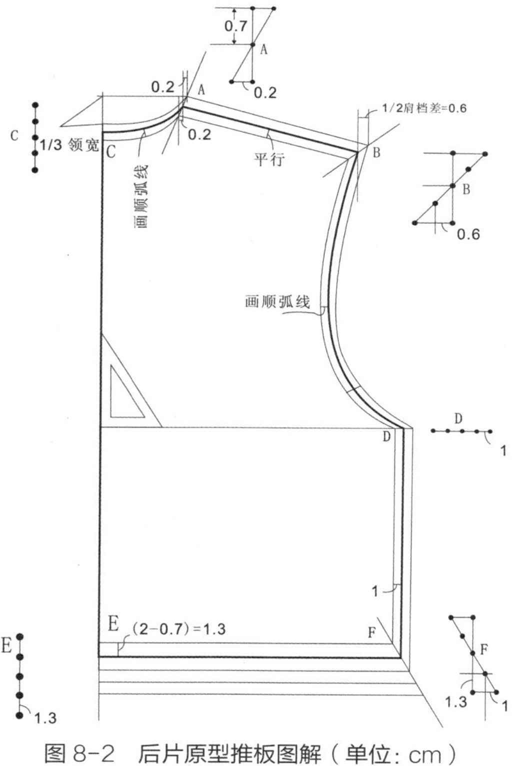

图 8-2　后片原型推板图解（单位：cm）

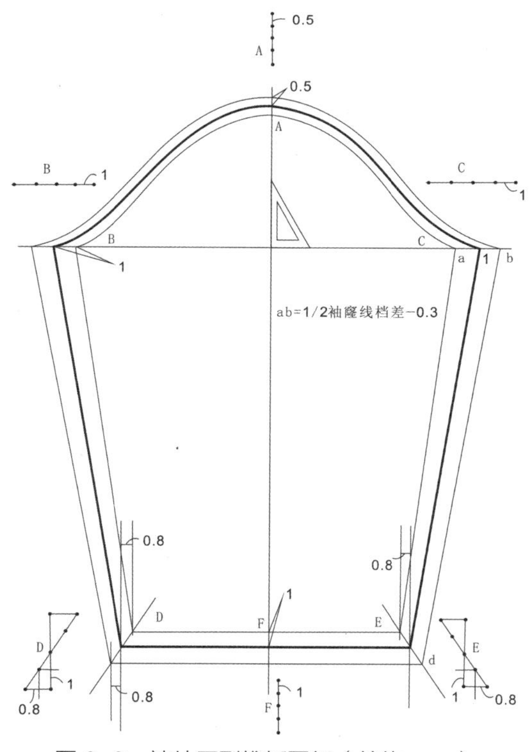

图 8-3　袖片原型推板图解（单位：cm）

（三）推板说明

1. 原型前片推板说明

（1）肩颈点垂直向上 0.7cm 再平行向门襟方向移 0.4cm 定一点，然后以此点为基点画肩斜线的平行线，以此类推画其他板型，如图 8–1 中的部位注解 A。由于前中线外推了 0.6cm，而各板的肩端点又在同一垂直线上，如部位注解 C，所以肩颈点外推 0.4cm 才能使得推出板的领口宽大出 0.2cm，即前片领口宽的档差为 0.2cm。

（2）推衣长时袖窿深线不变，肩颈点垂直上推 0.7cm，下边线下推 1.3cm，参看图 8–1 中部位注解 F 和部位注解 G，衣长档差=0.7cm+1.3cm= 2cm。这种以袖窿深线不动，如此上下推板的数据分配比例是一般款式所采用的，但是根据款式的具体要求比例是可以调整的。例如，肩颈点上推 1.2cm 时，下边线就要平行下推 0.8cm，保证衣长档差不变。

（3）前中线顶点垂直向上 0.5cm，再平行外移 0.6cm 确定一点，该点即推出板的领窝点，如图 8–1 中的部位注解 B，然后推领口弧线和前中线，如图 8–1 中的部位注解 E。领口深的档差实际上为 0.2cm，即 0.7cm–0.5cm=0.2cm。

（4）侧缝线外推 0.4cm（1cm–0.6cm=0.4cm）画平行线，如图 8–1 中的部位注解 D。

（5）下边线下推 1.3cm 画平行线。

（6）特别值得注意的是要画顺领口和袖窿弧线，推画弧线的基本原则是：每组弧线的关系不是平行关系，而是造型关系，即各个板同一部位的弧线造型要最大限度地保持一致。

2. 原型后片推板说明

（1）后片在推板时要在前片已分配数值的基础上进行对应推板，如图 8–2 所示。例如，前片肩颈点上推了 0.7cm 和下边线下推了 1.3cm，那么后片上下推板的比例也要按前片的比例来进行同等的比例数值分配。

（2）肩颈点垂直向上推 0.7cm，再平行侧移 0.2cm 确定一点，然后以此点为基本点推画肩斜线（平行）。

（3）领口深保持为领宽的 1/3 推板。

（4）侧缝线外推 1cm（与前片推出的量相加等于 1/2 胸围档差），参看图 8–2 中的部位注解 D。

（5）下边线下推 1.3cm（与前片一致）。

（6）领口、袖窿弧线的推板原则与前片一样。

3. 原型袖片推板说明

（1）袖山高上推 0.5cm，如图 8–3 中的部位注解 A。袖口线下推 1cm 即推出袖长，如图

8-3 中的部位注解 F。袖长档差的上下分配比例要大致与衣身的分配比例相同，即上推档差的 1/3，下推档差的 2/3。

（2）首先计算出袖窿弧线长度的档差数，然后推出袖肥 ab，即自袖山底线侧端 a 点外推 1/2 袖窿弧线档差减去约 0.3cm 定 b 点，然后将 b 点与 d 点连接即袖缝线。

（3）袖口线端点平行侧移 0.8cm（袖口档差值），然后垂直下落 1cm 确定 d 点，d 点即推出板的袖口线端点。

（4）推画袖山弧线完成整片推板，如图 8-3 所示。

第二节　部分典型款式推板

服装的造型多种多样、款式千变万化，所以在对不同造型的服装进行制版与推板时需要用不同的方法灵活地设计。在学习服装推板时关于“灵活”的问题，说起来比较容易，而真正要能达到“灵活”的程度还是有一定难度的。

学习服装推板需要先掌握一些基本款式的推板方法，然后逐步学习其他的款式，边学习边理解，最后才能达到娴熟的程度。常规的典型款式主要包括：男、女式衬衫；男、女式西装上衣；男、女式西裤；西装背心；裙子；插肩袖上衣；男、女式风雨衣等。

一、男式衬衫推板

（一）男式衬衫推板规格系列设置

表 8-2 为男式衬衫推板规格系列设置。

表 8-2　男式衬衫推板规格系列设置　　单位：cm

部位＼号型	160/82	165/86	170/90	175/94	180/98	档差值
衣长	68	71	74	77	80	3
胸围	102	106	110	114	118	4
肩宽	43.5	44.7	45.9	47.1	48.3	1.2
袖长	58	59.5	61	62.5	64	1.5
袖口	10.9	11.7	12.5	13.3	14.1	0.8
领围	37.6	38.8	40	41.2	42.4	1.2

（二）男式衬衫推板图解

图 8-4～图 8-6 分别为男式衬衫前片，后片、过肩、袖片、领座、翻领推板图解。

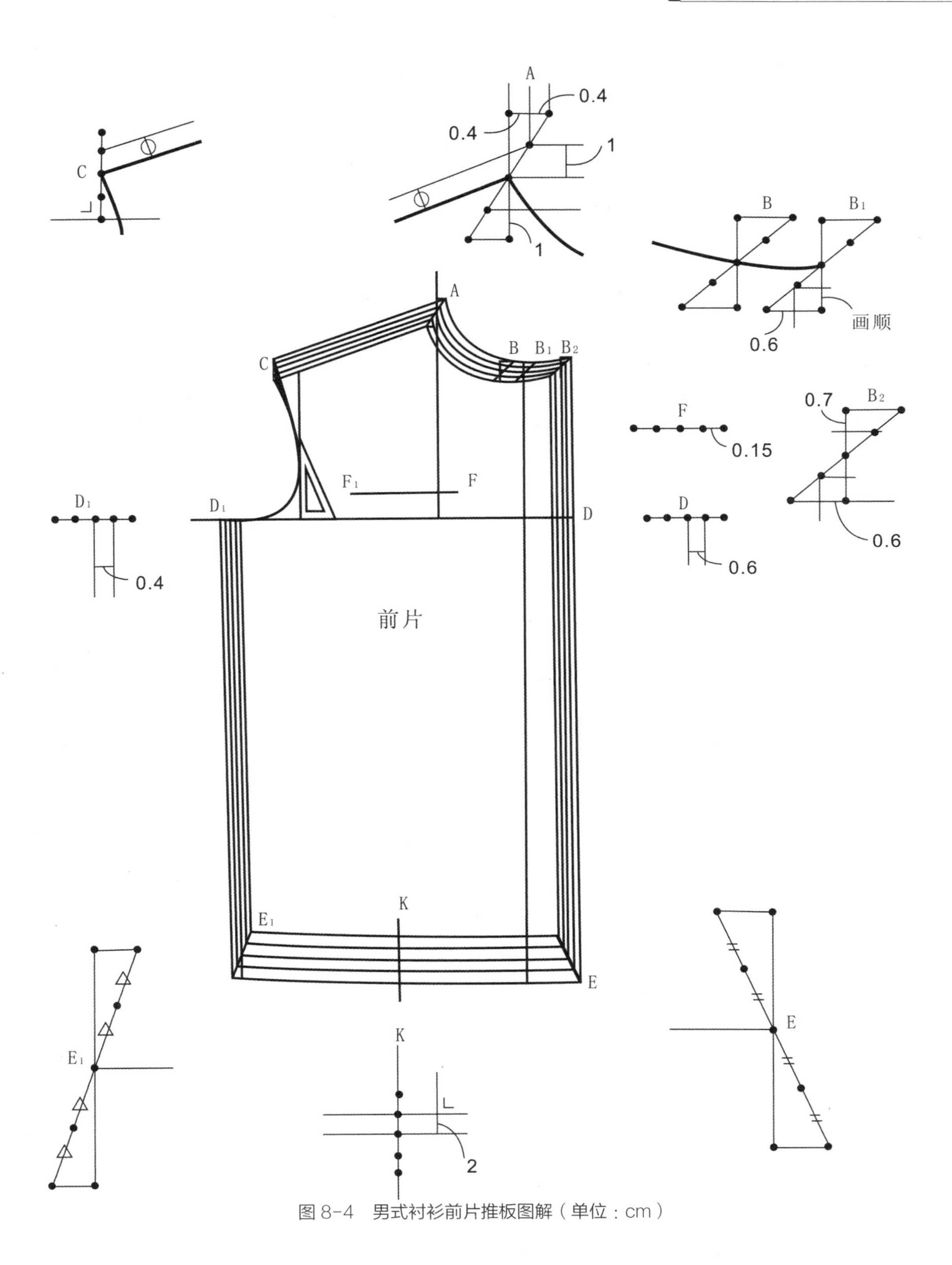

图 8-4 男式衬衫前片推板图解（单位：cm）

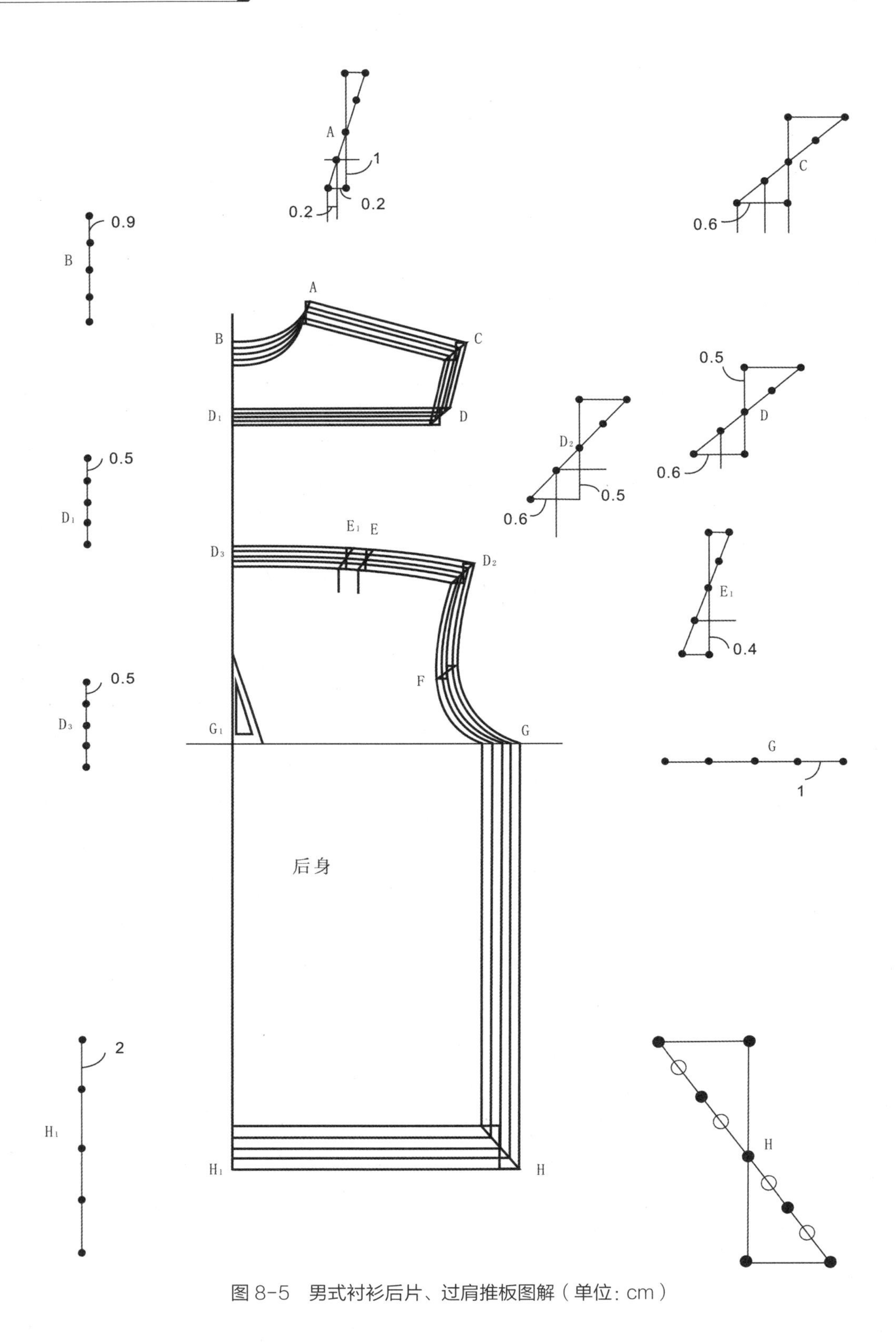

图 8-5　男式衬衫后片、过肩推板图解（单位：cm）

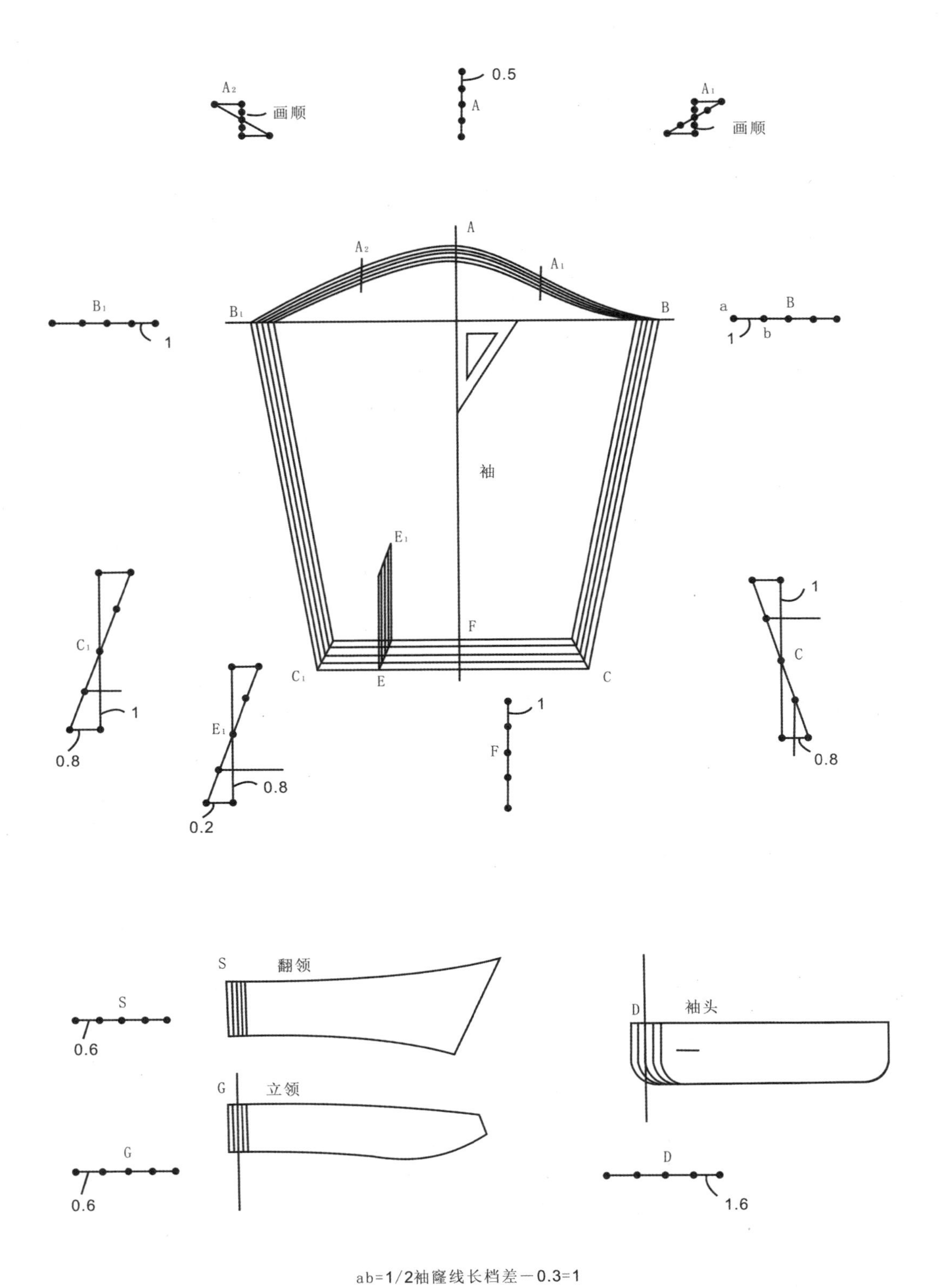

ab=1/2袖窿线长档差－0.3=1

图8-6 男式衬衫袖片、立领、翻领、袖头推板图解（单位：cm）

（三）推板说明

1. 前片

（1）母板 A 点垂直向上 1cm，再平行向门襟方向移 0.4cm 定一点，然后以此点为基点推画肩斜线（平行线），以此类推推画其他板型，如图 8-4 中的部位注解 A。由于前中线外推了 0.6cm，而各板的肩端点又在同一垂直线上，如图 8-4 中的部位注解 C，所以 A 部位点外推 0.4cm 才能使得推出板的领口宽大 0.2cm，即前片领口宽的档差为 0.2cm。

（2）推衣长时袖窿深线不变，A 点垂直上推 1cm，下边线下推 2cm，衣长档差=1cm+2cm=3cm。

（3）止口线顶点垂直向上 0.7cm，再平行外移 0.6cm 确定一点，如图 8-4 中的部位注解 B_2，然后推画领口弧线和止口线。领口深的档差为 0.3cm，即 1cm−0.7cm=0.3cm。

（4）侧缝线外推 0.4cm（1cm−0.6cm=0.4cm）推画（平行线），如图 8-4 中的部位注解 D_1。

（5）下边线下推 2cm。

（6）特别值得注意的是要画顺领口和袖窿弧线，每组弧线的关系不是平行关系，而是造型关系，即各个板同一部位的弧线造型要最大限度地保持一致。

2. 后片

（1）后片在推板时要在前片已分配数值比例的基础上进行。例如，以袖窿深线为不变线前片上推 1/3 衣长档差，下推 2/3 衣长档差，那么后片上下推板的比例也要按前片的比例来进行同等比例的数值分配，只不过仍然将过肩与后片视为一个整体来进行比例分配。

（2）上推 0.5cm，如图 8-5 中的部位注解 D_3；下推 2cm，如图 8-5 中的部位注解 H_1。

（3）侧缝线外推 1cm（与前片推出的量相加等于 1/2 胸围档差），如图 8-5 中的部位图解 G。

3. 过肩

（1）如图 8-5 所示，A 点垂直向上推 1cm，再平行侧移 0.2cm 确定一点，然后以此点为基本点推画肩斜线（平行）。

（2）领口深保持为领宽的 1/3 推板。

（3）下线上推移 0.5cm，如图 8-5 中的部位注解 D_1。

（4）肩端点水平外移 0.6cm 画垂直线，然后找交点，如图 8-5 中的部位注解 C。

4. 袖片

（1）袖山高上推 0.5cm，如图 8-6 中的部位注解 A。袖口线下推 1cm 即推出袖长，如图 8-6 中的部位注解 F。袖长档差的上下分配比例要大致与衣身的分配比例相同。

（2）首先计算出袖窿弧线长度的档差值，然后推出袖肥，即自袖山底线侧端点外推 1/2 袖窿弧线档差减去约 0.3cm 定袖宽点，如图 8-6 中的部位注解 B，然后将 B 点与 C 点连接即袖缝线。

（3）袖口线端点平行侧移 0.8cm（袖口档差值），然后下落 1cm 确定 C 点，C 点和 C_1 点即推板的袖口线端点。

（4）袖衩档差 0.25cm（袖衩线下推 1cm 的 1/4），侧移 0.2cm（袖口档差的 1/4）。

（5）推画袖山弧线完成整片推板，如图 8-6 所示。

（6）翻领、立领、袖头的推板参看图 8-6。

二、喇叭裙推板

（一）喇叭裙推板规格系列设置

表 8-3 为喇叭裙推板规格系列设置。

表 8-3　喇叭裙推板规格系列设置　　单位：cm

号型 / 部位	155/58	160/62	165/66	175/70	175/74	档差值
裙长	50	53	56	59	62	3
腰围	60	64	68	72	76	4
臀围	92	96	100	104	108	4

（二）喇叭裙推板图解

图 8-7 为喇叭裙推板图解。

三、男式西裤推板

（一）男式西裤推板规格系列设置

表 8-4 为男式西裤推板规格系列设置。

表 8-4　男式西裤推板规格系列设置　　单位：cm

号型 / 部位	160/70	165/74	170/78	175/82	180/86	档差值
裤长	97	99.5	102	104.5	107	2.5
腰围	72	76	80	84	88	4
臀围	101	105	109	113	117	4
立裆	28.4	29.2	30	30.8	31.6	0.8
脚口	22.4	23.2	24	24.8	25.6	0.8

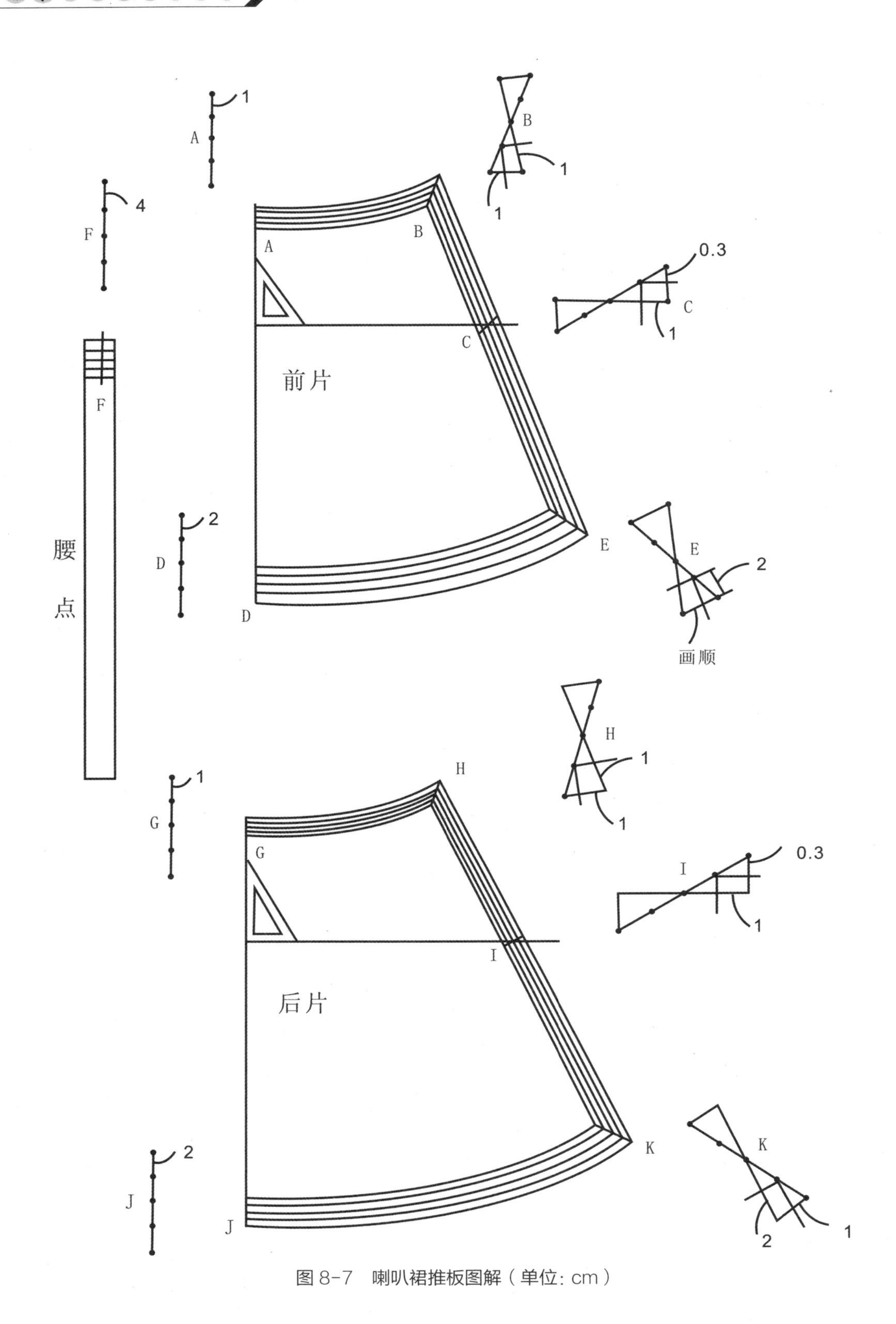

图 8-7 喇叭裙推板图解（单位：cm）

（二）男士西裤推板图解

图 8-8 和图 8-9 分别为男式西裤前片和后片推板图解。

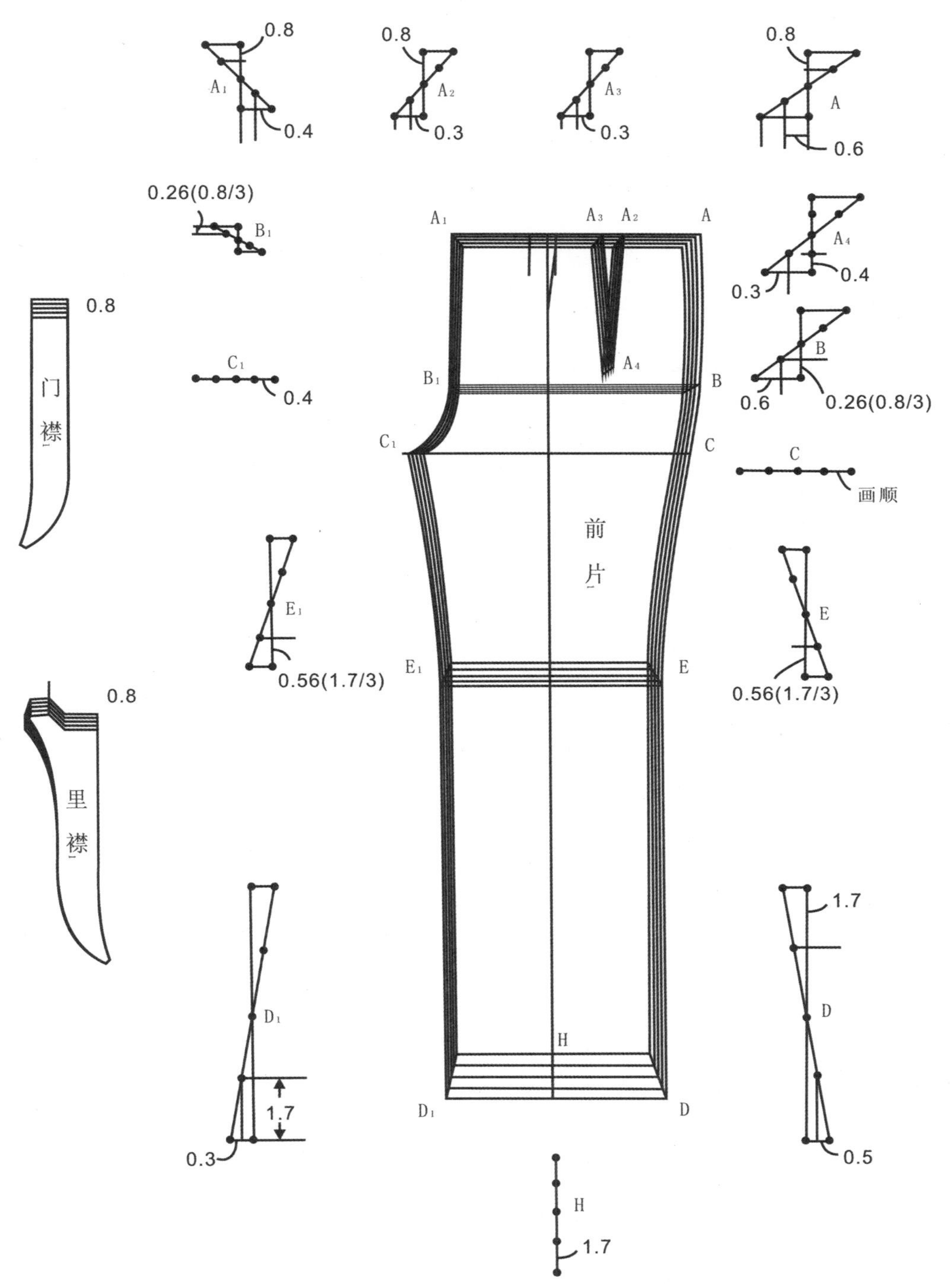

图 8-8　男式西裤前片推板图解（单位：cm）

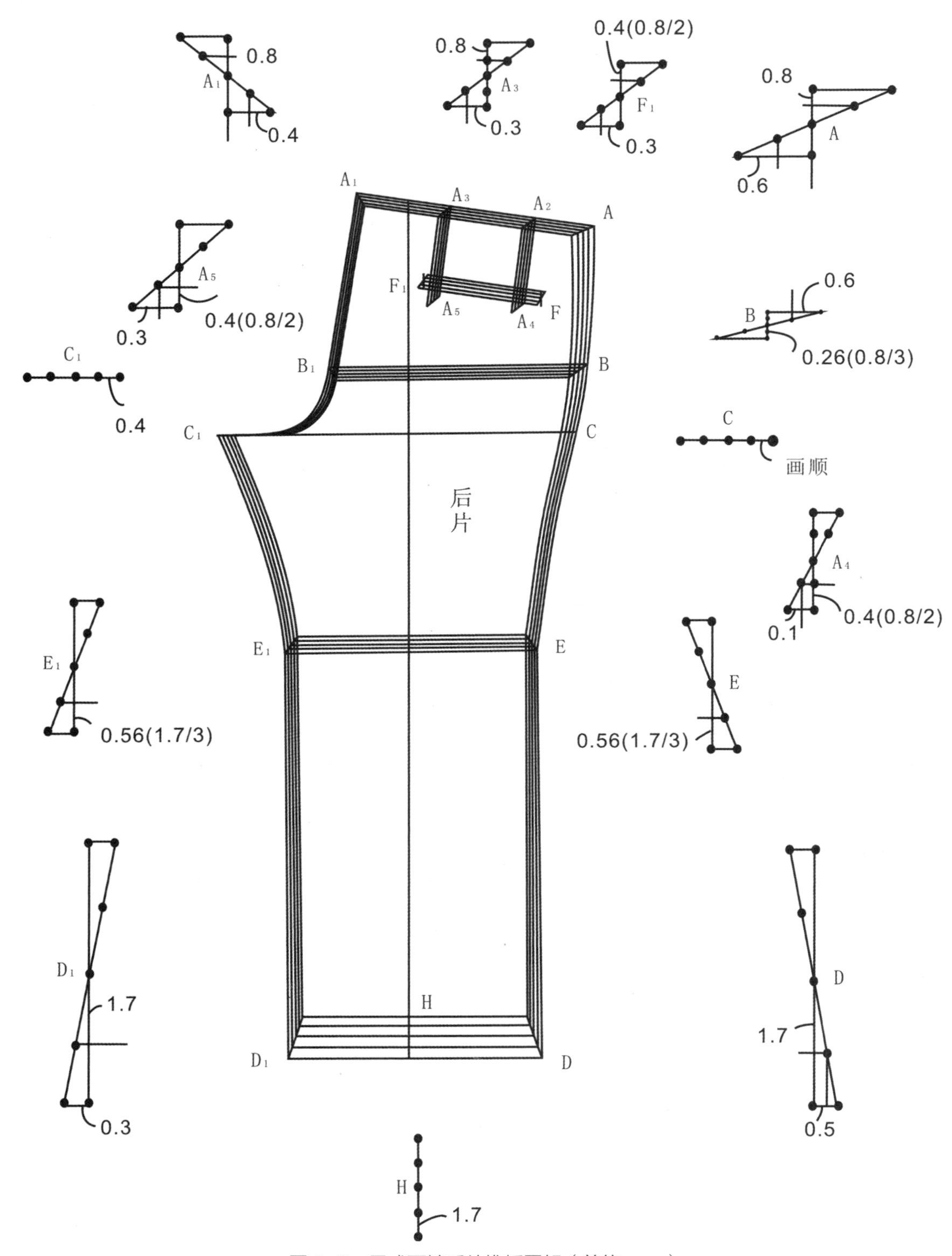

图 8-9 男式西裤后片推板图解（单位：cm）

四、女式衬衫推板

（一）女式衬衫推板规格系列设置

表 8-5 为女式衬衫推板规格系列设置。

表 8-5　女式衬衫推板规格系列设置　　单位：cm

部位＼号型	155/76	160/80	165/84	170/88	175/92	档差值
衣长	69	71	73	75	77	2
胸围	92	96	100	104	108	4
肩宽	39.6	40.8	42	43.2	44.4	1.2
袖长	54	55.5	57	58.5	60	1.5
袖口	9.9	10.7	11.5	12.3	13.1	0.8
领围	35	36	37	38	39	1
前腰节						1.25
后腰节						1.1

（二）女式衬衫推板图解

图 8-10～图 8-12 分别为女式衬衫前片、后片推板图解。

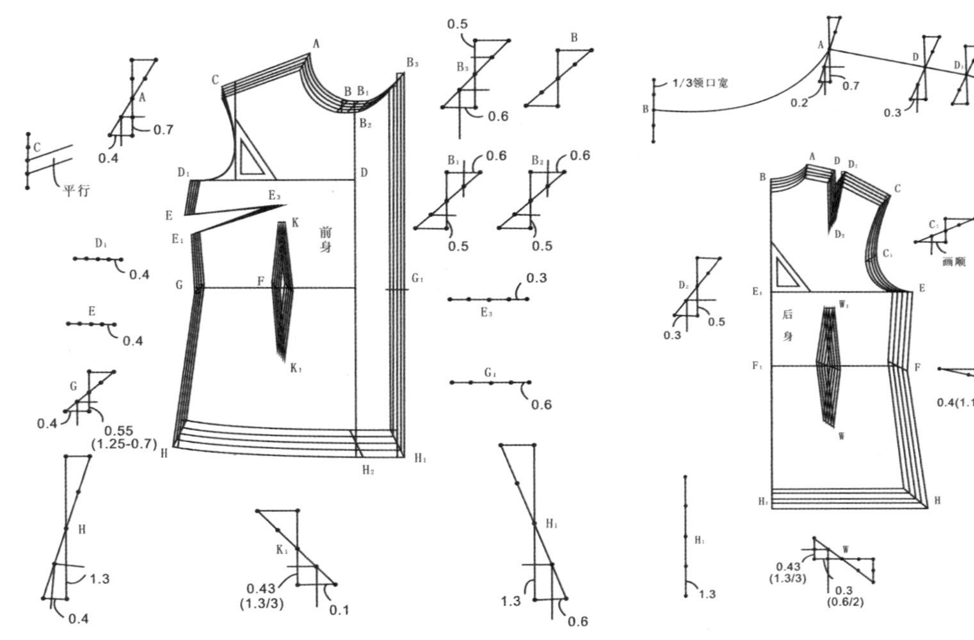

图 8-10　女式衬衫前片推板图解（单位：cm）

图 8-11　女式衬衫后片推板图解一（单位：cm）

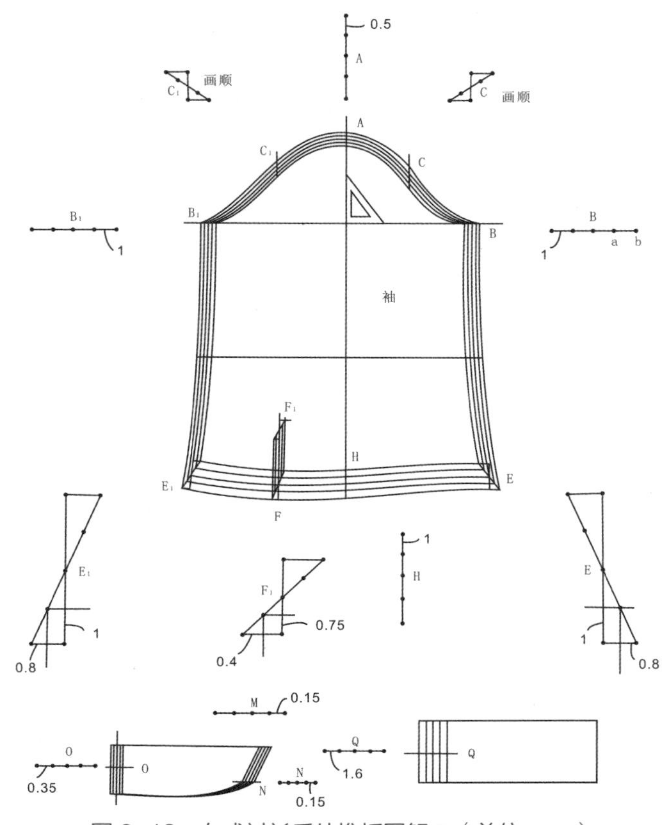

图 8-12　女式衬衫后片推板图解二（单位：cm）

五、男式西装上衣推板

（一）男式西装上衣推板规格系列设置

表 8-6 为男式西装上衣推板规格系列设置。

表 8-6　男式西装上衣推板规格系列设置　　单位：cm

部位 \ 号型	160/82	165/86	170/90	175/94	180/98	档差值
衣长	72	74.5	77	79.5	82	2.5
胸围	102	106	110	114	118	4
肩宽	43.5	44.7	45.9	47.1	48.3	1.2
袖长	59	60.5	62	63.5	66	1.5
袖口	14	14.5	15	15.5	16	0.5
下袋	14	14.5	15	15.5	16	0.5
腰节	40	41.25	42.5	43.75	45	1.25
领大	38	39	40	41	42	1

（二）男式西装上衣推板图解

图 8-13～图 8-16 分别为男式西装上衣前片、后片、大袖片以及小袖片和领子推板图解。

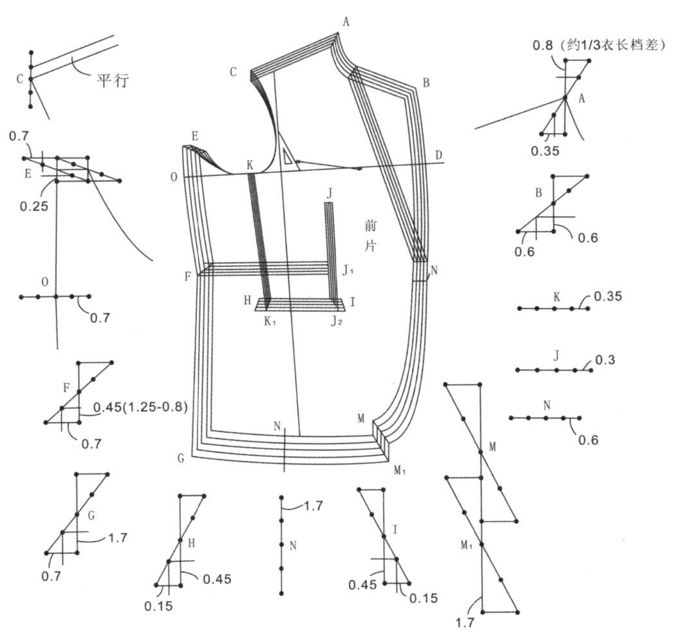

图 8-13　男式西装上衣前片推板图解（单位：cm）

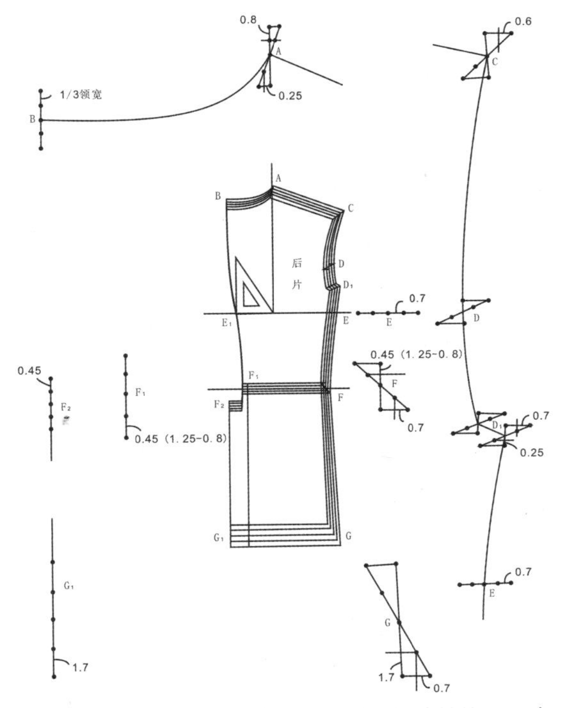

图 8-14　男式西装上衣后片推板图解（单位：cm）

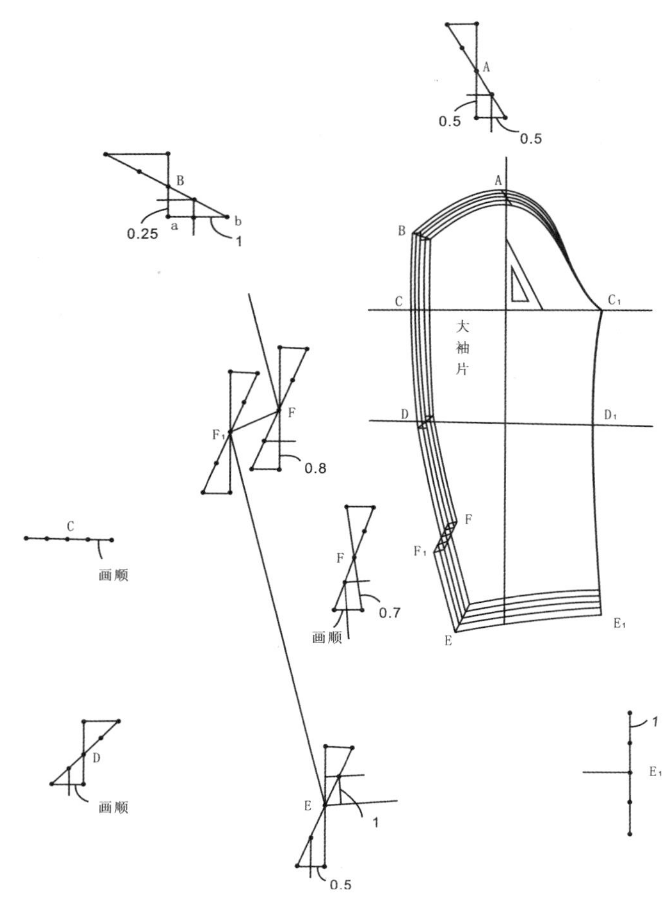

图 8-15　男式西装上衣大袖片推板图解（单位：cm）

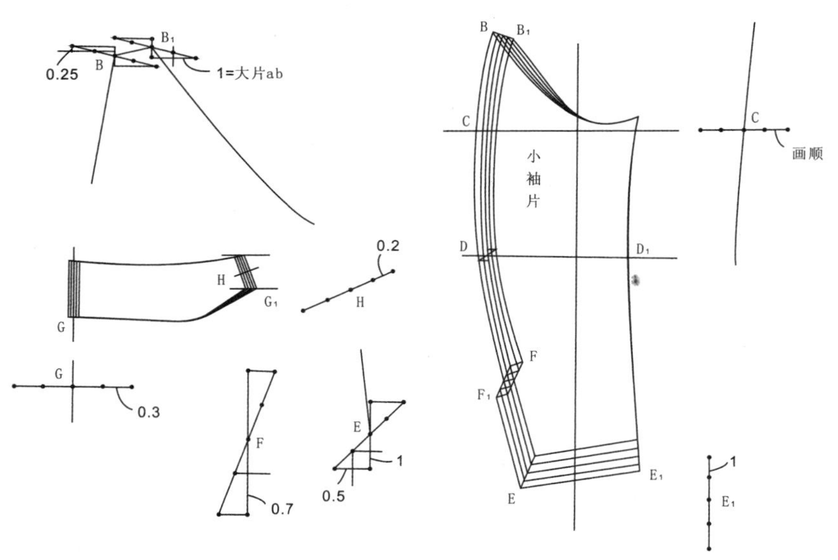

图 8-16　男式西装上衣小袖片和领子推板图解（单位：cm）

六、女式西装上衣推板

（一）女式西装上衣推板规格系列设置

表 8-7 为女式西装上衣推板规格系列设置。

表 8-7 女式西装上衣推板规格系列设置 单位：cm

部位 \ 号型	155/76	160/80	165/84	170/88	175/92	档差值
衣长	69	71.5	74	76.5	79	2.5
胸围	96	100	104	108	112	4
肩宽	41.6	42.8	44	45.2	46.4	1.2
袖长	57	58.5	60	61.5	63	1.5
袖口	13	13.5	14	14.5	15	0.5
下袋口	13	13.5	14	14.5	15	0.5
领大	36	37	38	39	40	1
前腰节						1.25
后腰节						1.1

（二）女式西装上衣推板图解

图 8-17～图 8-19 分别为女式西装上衣前片、后片以及袖片和领子推板图解。

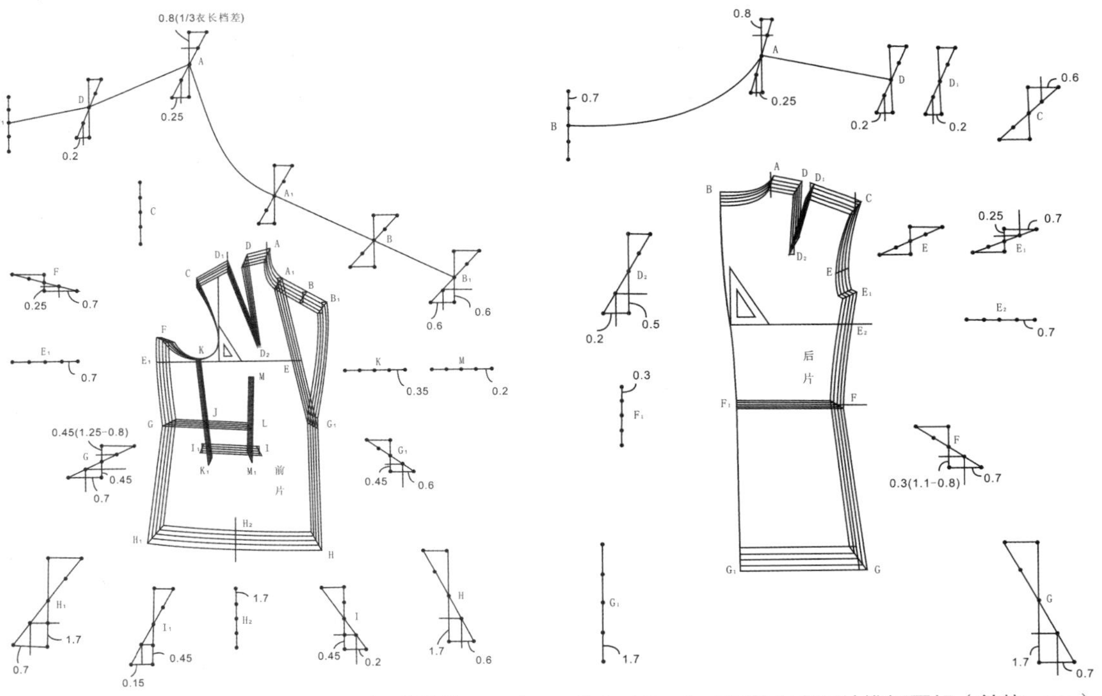

图 8-17 女式西装上衣前片推板图解（单位：cm） 图 8-18 女式西装上衣后片推板图解（单位：cm）

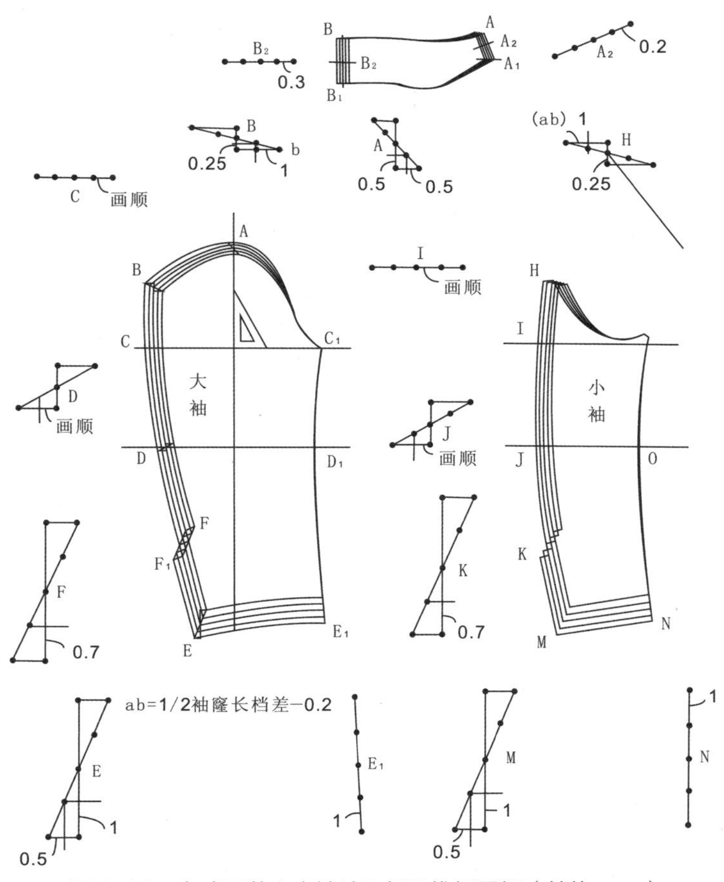

图 8-19　女式西装上衣袖片和领子推板图解（单位：cm）

七、插肩袖款式上衣推板

（一）插肩袖款式上衣推板规格系列设置

表 8-8 为插肩袖款式上衣推板规格系列设置。

表 8-8　插肩袖款式上衣推板规格系列设置　　单位：cm

部位＼号型	160/82	165/86	170/90	175/94	180/98	档差值
衣长	72	74.5	77	79.5	82	2.5
胸围	102	106	110	114	118	4
肩宽	43.5	44.7	45.9	47.1	48.3	1.2
袖长	59	60.5	62	63.5	65	1.5
袖口	15.4	16.2	17	17.8	18.6	0.8
领围	42	43	44	45	46	1

（二）插肩袖款式上衣推板图解

图 8-20 和图 8-21 分别为插肩袖款式上衣前片、后片推板图解。

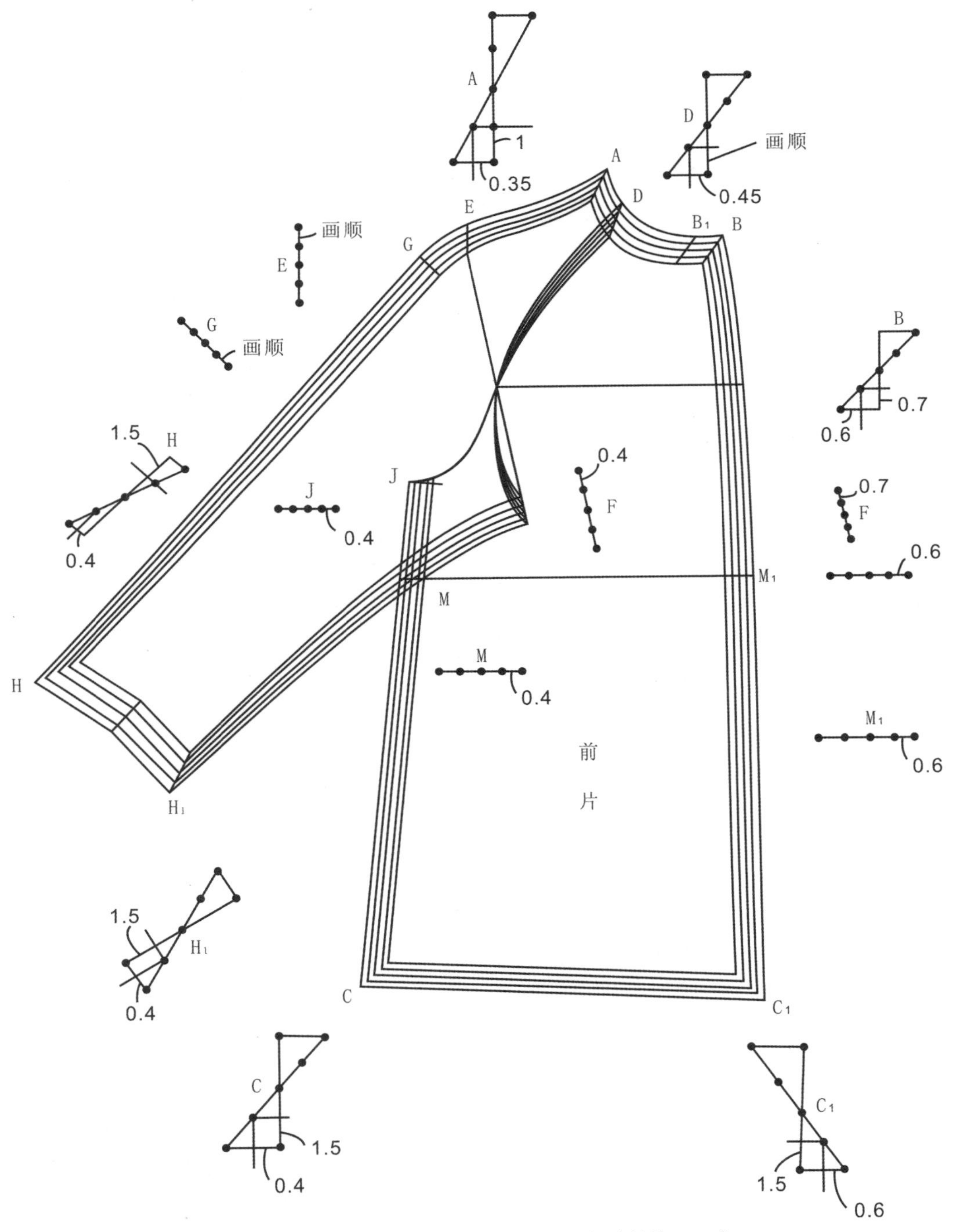

图 8-20　插肩袖款式上衣前片推板图解（单位：cm）

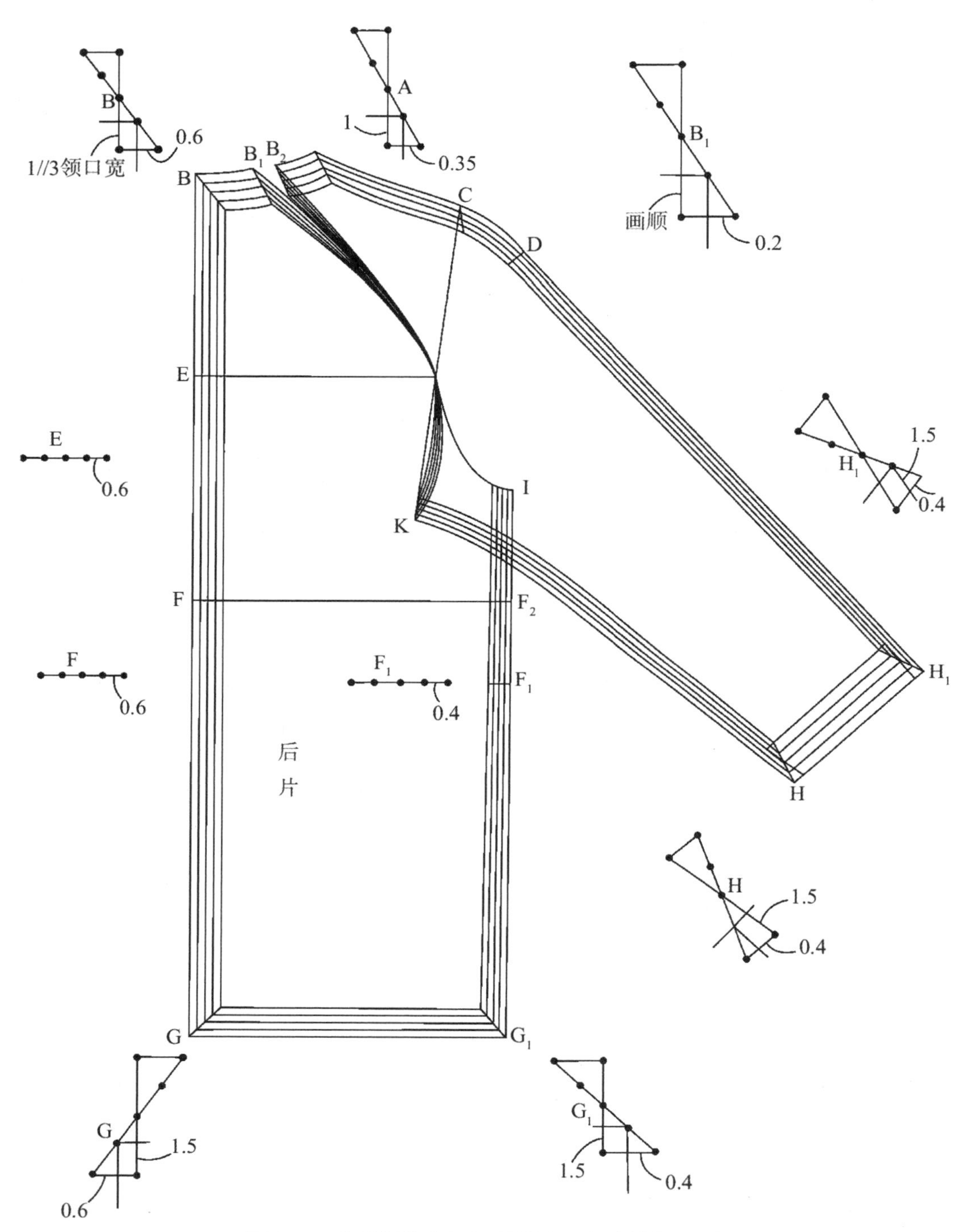

图 8-21 插肩袖款式上衣后片推板图解（单位：cm）

八、男式风衣推板

（一）男式风衣推板规格系列设置

表 8-9 为男式风衣推板规格系列设置。

表 8-9　男式风衣推板规格系列设置　　单位：cm

部位＼号型	160/82	165/86	170/90	175/94	180/98	档差值
衣长	106	109	112	115	118	3
胸围	110	114	118	122	126	4
肩宽	45.6	46.8	48	49.2	50.4	1.2
袖长	60	61.5	63	64.5	66	1.5
袖口	18	18.5	19	19.5	20	0.5
领围	42	43	44	45	46	1

（二）男式风衣推板图解

图 8-22～图 8-24 分别为男式风衣前片、后片以及袖片、领子、肩贴块推板图解。

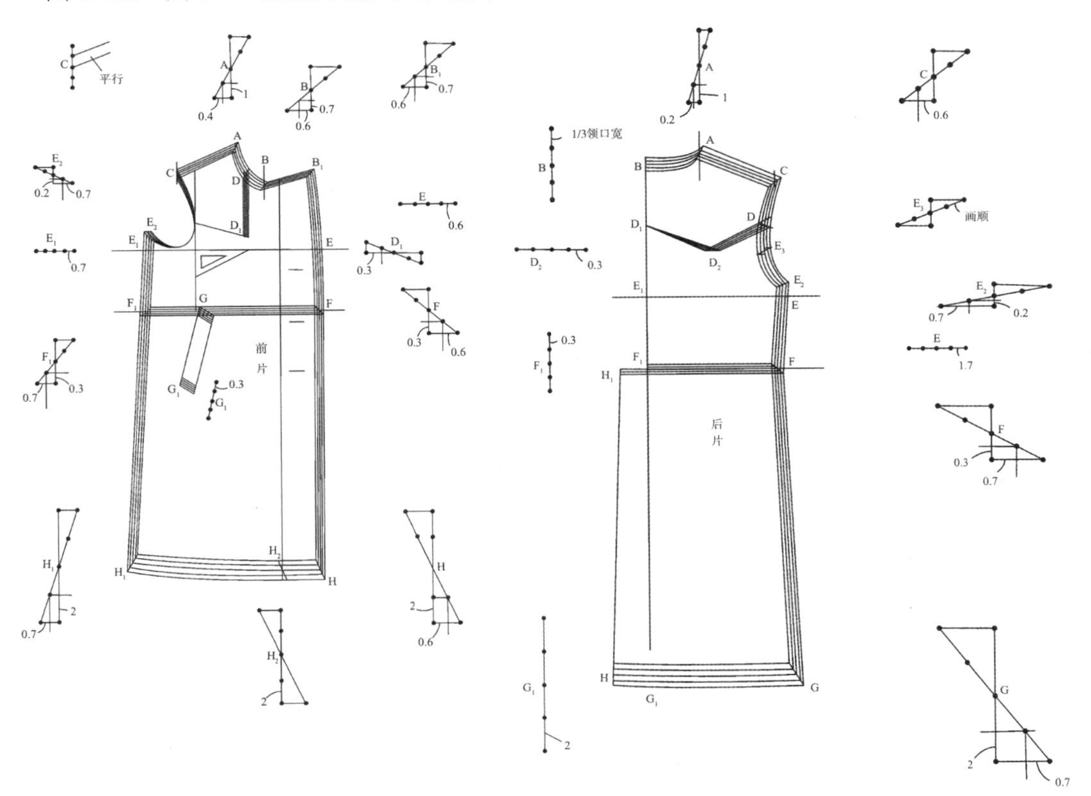

图 8-22　男式风衣前片推板图解（单位：cm）　　图 8-23　男式风衣后片推板图解（单位：cm）

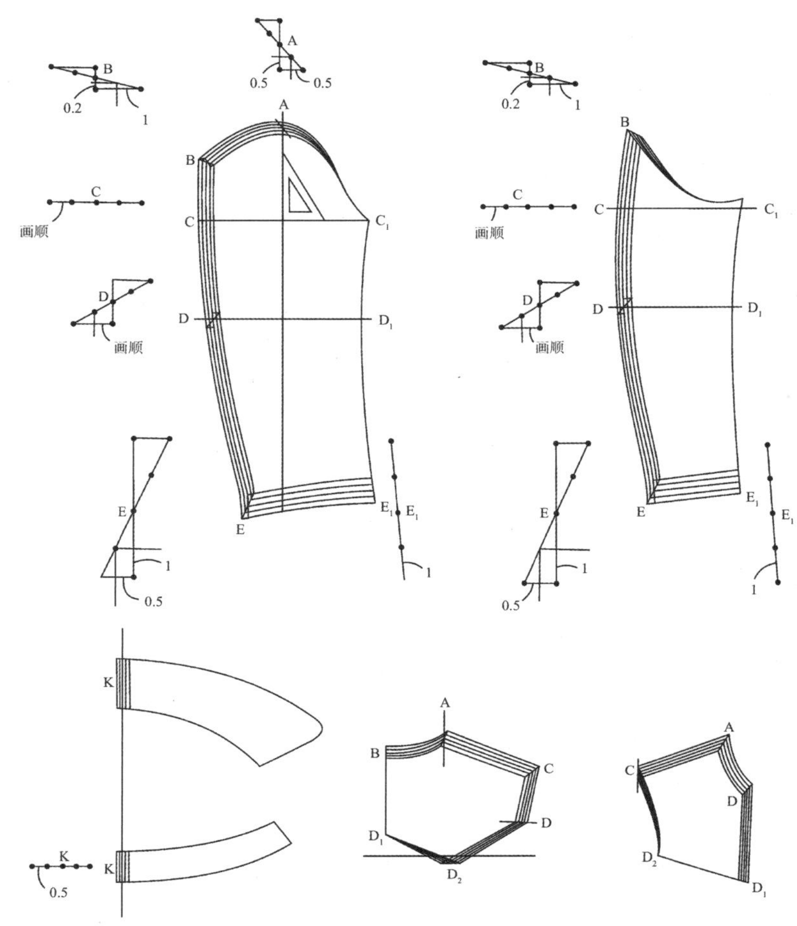

图 8-24　男式风衣袖片、领子、肩贴块推板图解（单位：cm）

九、裤型局部推板

（一）裤型局部推板规格系列设置

表 8-10 为裤型局部推板规格系列设置。

表 8-10　裤型局部推板规格系列设置　　单位：cm

部位＼号型	165/70	165/74	165/78	165/82	165/86	档差值
裤长	99	99	99	99	99	0
腰围	71	75	79	83	87	4
臀围	101	105	109	113	117	4
立裆	30	30	30	30	30	0
脚口	22.4	23.2	24	24.8	25.6	0.8

（二）裤型局部推板图解

图 8-25 为裤型局部推板图解。

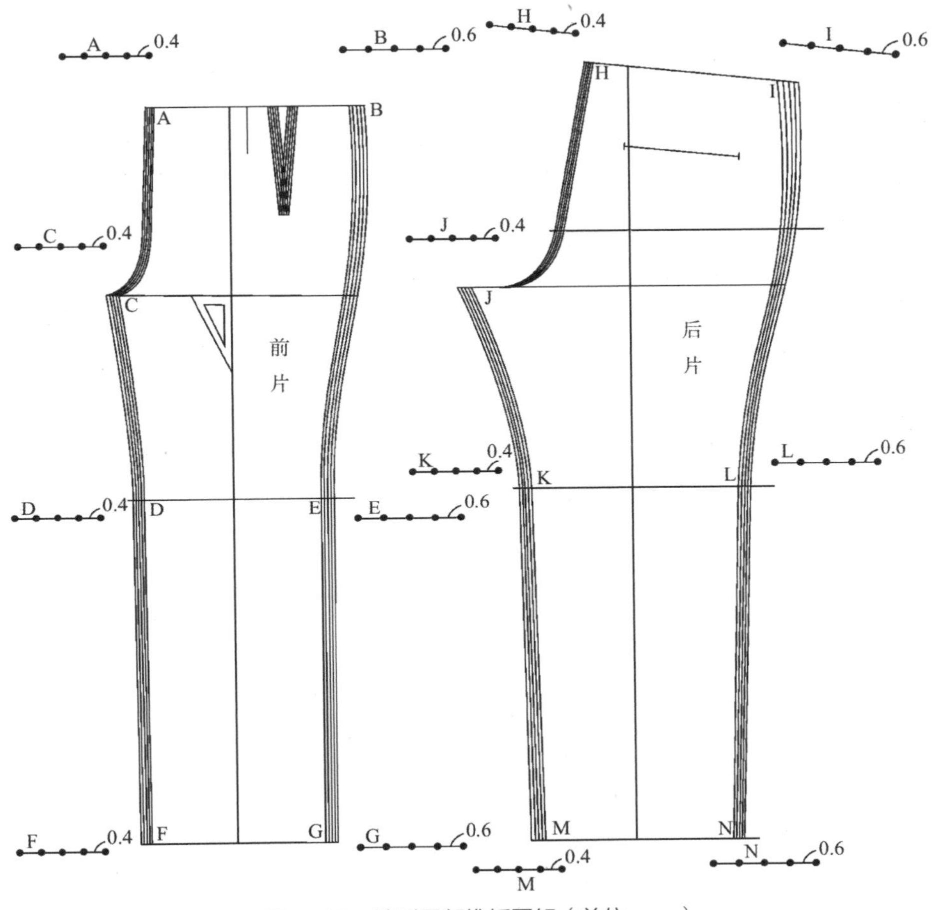

图 8-25　裤型局部推板图解（单位：cm）

第三节　排板

服装排料是工厂成衣制作中必不可少的一个环节，也是家庭及个人制作服装时必须考虑的问题。如果不掌握一定的排料知识，那么就会发生排料不当，甚至排料错误的情况，给企业造成重大的经济损失和时间损失。所以，学习和掌握正确的服装排料知识很有必要。

一、标准工业样板的制订

标准工业样板是指工业用的最后定型板，一般包括全套毛板，每块样板上都要有丝绺标注，为裁床排料提供正确的参考。另外，因为标准样板包括很多不同型号的整套样板，这些样板在保管以及排板时很容易出错，所以每块板型上都要标明板号（编号）、款号、号型等。

标准工业样板的制订是成衣工厂在裁床排料前必须完成的工作程序，如果没有完成标准工业样板的制订，排板工作将无法进行。所以制订标准工业样板，一定要按时、按计划完成。图 8-26 为标准工业样板图示。

在制订标准工业样板时，要注意以下事项。

（1）要正确加放缝份的具体尺寸。加放缝份的具体尺寸，除了采用常规的方法外，还要符合制衣设备对缝份的具体要求。

（2）要先获得布料缩水率的准确数值，然后将布料缩水率的准确数值加入制版尺寸中进行制版，使得制出的样板在洗水处理后符合实际需要的尺寸。

（3）要了解工艺制作方法对缝份的特别要求，防止因工艺制作方法的不同而影响服装的正确尺寸。

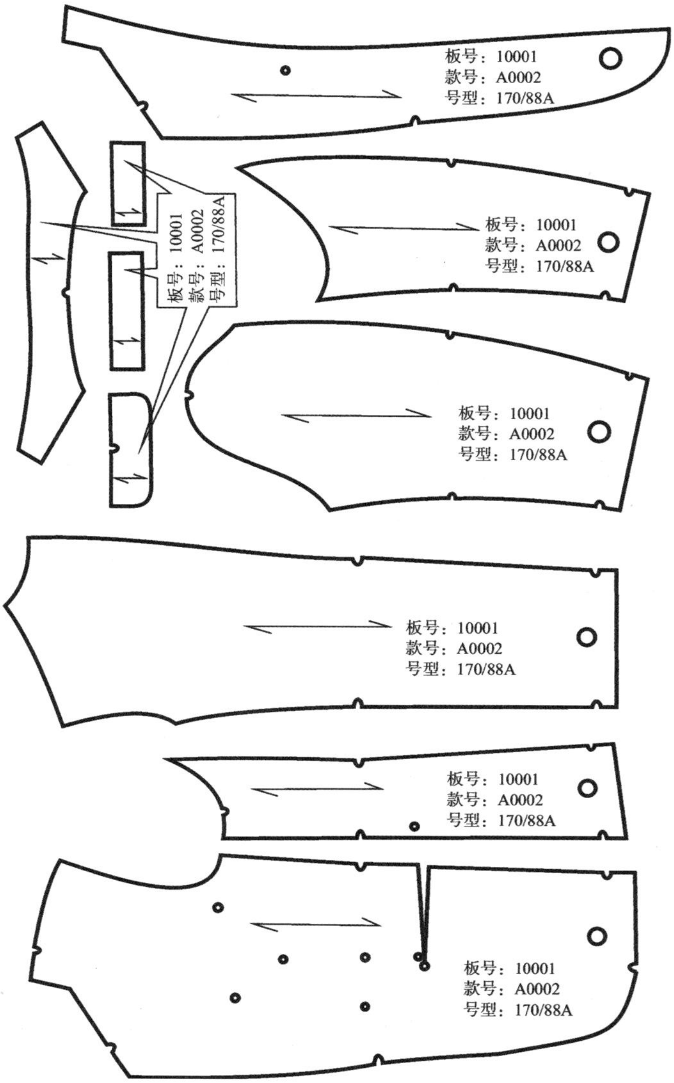

图 8-26　标准工业样板图示

二、排料的基本方法

（一）折叠排料法

折叠排料法是指将布料折叠成双层后，再进行排料的一种排料方法。这种排料方法较适合家庭少量制作服装时采用，也适合成衣工厂制作样衣时采用。折叠排料法省时省料，不会出现裁片“同顺”的错误。纬向对折排料适用于除倒顺毛和有图案织物外的面料，在排料中要注意样板的丝绺与布料的丝绺相同。经向对折排料适用于除鸳鸯条、格子及图案织物外的面料，其排料方法与纬向对折排料方法基本相同。

（二）单层排料法

单层排料法是指将布料单层全部平展开来进行排料的一种方法。单层排料方法适合于任何织物的面料，同时，也不受服装款式左右不对称的影响。其具体排料方法可根据不同的面料及款式灵活对待，主要可以分为以下三种：（1）对称排料，服装的左右部位可在同一层布料上和合成对，也就是说一片纸样（样板）画好后，必须翻身再画一片进行单层对称排料；（2）不对称排料，不对称服装可以单层排料，包括前身两片不对称或者其中一片有门襟、叠门，以及需要内拼接或镶色（如旗袍等）则需要用不对称排料；（3）其他排料，如遇到有倒顺毛、条格和花纹图案的面料，在左右部位对称的情况下，要先画好第一片纸样后将它翻身，而第二片则按第一片的同样方向（包括长度和经向方向）画样。其他如挂面、外贴袋、袋嵌线及大身袋位等都要左右对条和对格。另外，花纹图案也可采用同样方法画样（如羊绒大衣、唐装等）。

（三）多层平铺排料法

多层平铺排料法是指将面料全部以平面展开后进行多层重叠，然后用电动裁刀剪开各衣片的一种方法。该排料法适用于成衣工厂的排料。布料背对背或面对面多层平铺排料，适用于对称及非对称式服装的排料。如遇到有倒顺毛、条格和花纹图案的面料一定要慎重，在左右部位对称的情况下，设计倒顺毛向上或向下保持一致。有上下方向感的花纹面料排料时，要将各裁片的花纹图案设计成统一朝上。

（四）套裁排料法

套裁排料法是指两件或两件以上的服装同时排料的一种排料法。该排料法主要适合家庭及个人为节省面料和提高面料使用。

（五）紧密排料法

紧密排料法的要求是尽可能利用最少的面料排出最多的裁片。其基本方法如下。

（1）先长后短，如先排前后裤片，再排其他较短的裁片。

（2）先大后小，如先排前后衣片、袖片，再排较小的裁片。

（3）先主后次，如先排暴露在外面的袋面、领面等，再排次要的裁片。

（4）见缝插针，排料时要利用最佳数学排列原理，在各个裁片形状相吻合的情况下，利用一切可利用的面料。

（5）见空就用，在排料时如看到有较大的面料空隙时，可以通过重新排料组合，或者利用一些边料进行拼接，以便最大程度地节约面料，降低服装成本。

（六）合理排料法

合理排料法是指排料不仅要追求省时省料，同时还要全面分析排料布局的科学性、专业标准性和正确性。要根据款式的特点，从实际情况出发，随机应变、物尽其用。

（1）避免色差。一般有较严重色差的面料是不可用的，但有时色差很小或不得不用时，就要考虑如何合理地排料了。一般布料两边的色泽质量相对较差，所以在排料时要尽量将裤子的内侧缝线排放在面料两侧，因为外侧缝线的位置在视觉上要比内侧缝线的位置重要得多。

（2）合理拼接。在考虑充分利用面料的同时，挂面、领里、腰头、袋布等部件的裁剪通常可采用拼接的方法。例如，领里部分可以多次拼接，挂面部分也可以拼接，但是不要拼在最上面一粒纽扣的上部，或最下面一粒纽扣的下部，否则会有损美观。

（3）图案的对接。在排有图案的面料时，一定要通过计算和试排料来求得正确的图案之吻合，使排料符合专业要求。

（4）按设计要求使板的丝绺与面料的丝绺保持一致，如图 8-27 所示。

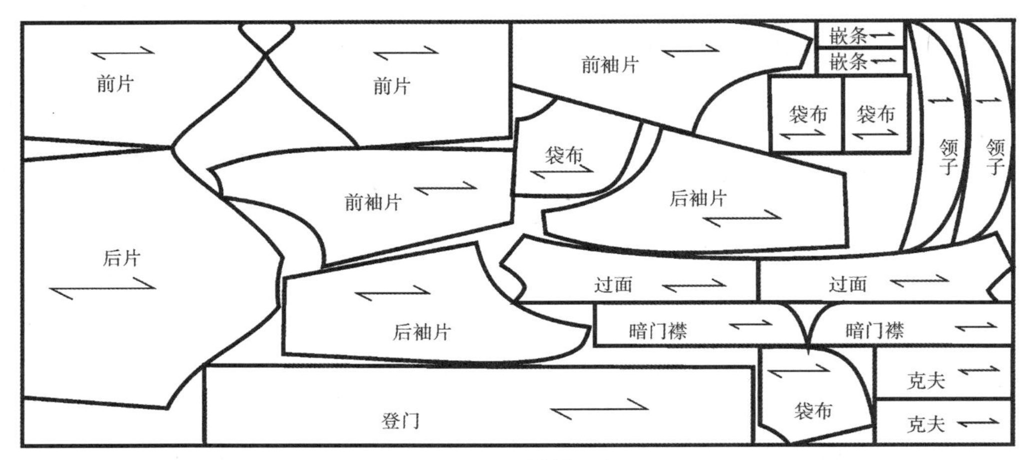

图 8-27　排料示意

第四节　技术文件的制订

专业技术文件是服装企业不可缺少的技术性核心内容资料，它直接影响着服装企业的整体运作效率和产品的优劣。科学地制订技术文件一定是成功企业最重要的内容之一。一个服装企业如果不重视技术文件的制订或制订的技术文件不规范、不正确，那将是不可想象的。

成衣工厂生产方面的主要技术文件包括：生产总体计划、制造通知单、生产通知单、服装封样单、服装工艺单、样品板单、工序流程及工价表、工艺卡、质量标准、成本核价单、企业服装号型编制规定等。

一、制造通知单

图 8-28 为制造通知单模板。

地址________________ 发单日期________

电话________________ 制单号码________

客户订单号码________ 客户型号________ 工厂样本号码________ 数量__________打

货品名称： 预定装船日期：

制造说明		尺码									备注
	尺寸配比										
	规　　格										
	腰　　围										
	臀　　围										
	前裆(含腰)										
	后裆(含腰)										
	大腿围										
	膝　　围										
	脚　　口										
	后 贴 袋										
	拉　　链										
	合　　计										

主辅料明细	
大身布	
口袋布	
吊　牌	
副　标	
帆　布	
罗　纹	
缝　线	
纽　扣	
拉　链	
胶　袋	

包装方法		
	1.	2.
	3.	4.
	5.	6.

其他说明：

承制工厂： 审核： 制单：

图 8-28　制造通知单模板

二、生产通知单

生产通知单模板见图 8-29 和图 8-30。

订货单位:________ 日期:________ 小组:________ 编号:________ 合同号:________

产品	单位	数量	规格数量						计划			面辅材料			
			XXS	XS	S	M	L	XL	班台人	定额	日产量	名称	单位	单耗	总数
		总数													
工序	进度														
裁剪															
机缝															
洗水															
整理															

图 8-29　生产通知单模板 1

对方单位：　　　　　　　　开单日期：　　年　　月　　日　　　　　　　　年　　月　　日

对方要货单编号：				合约：					生产品种：				数量：		
款式：			商标：			吊牌：				腰牌：					
原料名称			色号 规格 腰围	产品规格色号搭配											
门幅														零辅料情况	
数量			腰围											木纱	
														线球	
辅料情况														纽扣	
袋布															
门幅															
数量														包装要求	
里料															
门幅															
数量			每件定料												
衬类			实际定料												
门幅			合计用料												
数量			操作要求：												

单位：　　技术：　　发料：　　裁剪：　　收发：　　车间：　　包装：

图 8-30　生产通知单模板 2

三、服装封样单

服装封样单模板见图 8-31。

款号：　　封样号：　　设计：　　制版：　　封样：

尺寸表									
XL									
L									
M									
S									
XS									

款式略图	面料小样：
	工艺说明：
特别要求：	

用布量：	制单日期：	完成日期：

制单：　　审核：　　复核：

图 8-31　服装封样单模板

四、服装工艺单

某丝绸进出口公司样板设计中心生产工艺单见图 8-32。

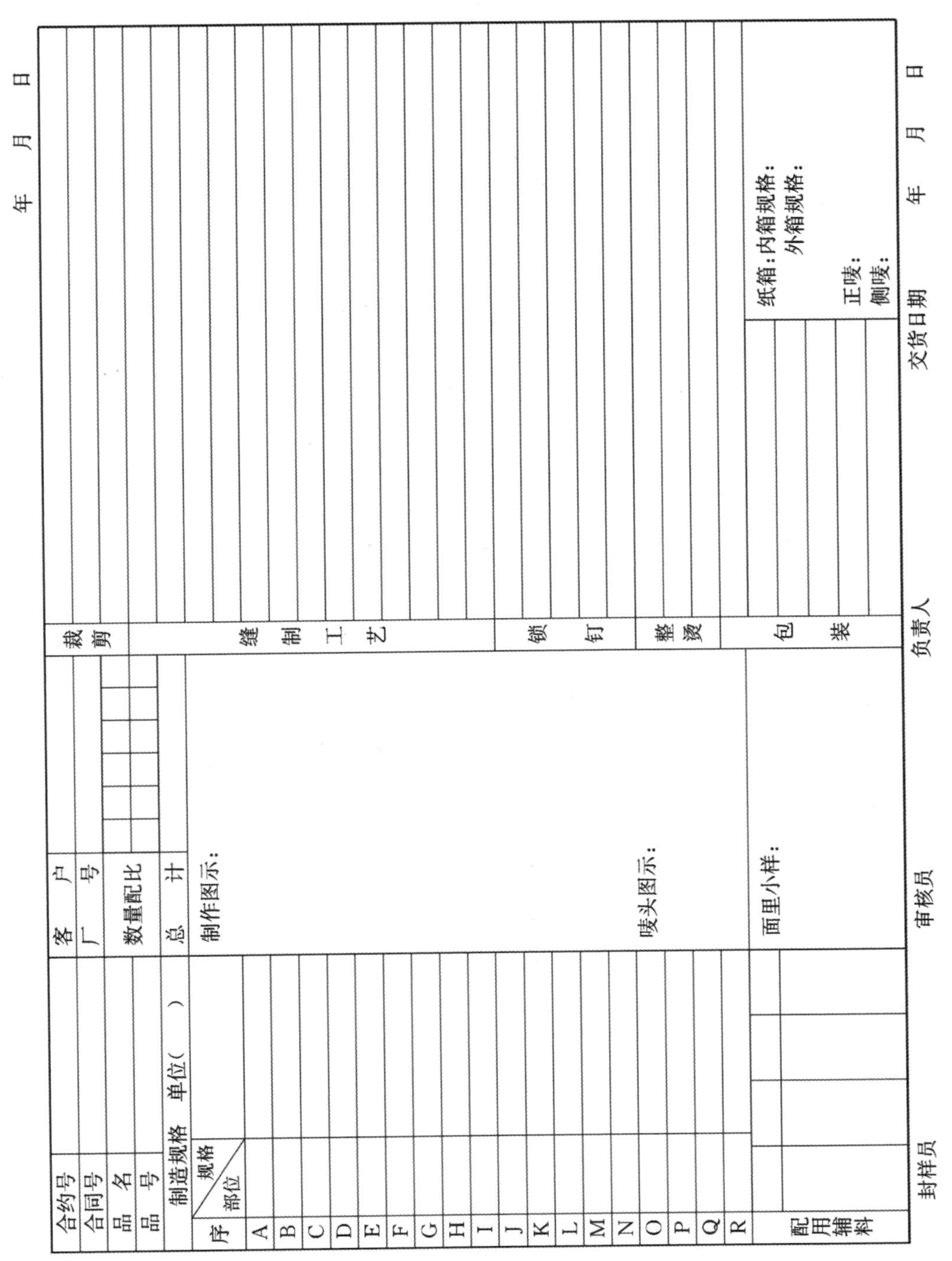

年　月　日

合约号
合同号
品　名
品　号
制造规格　单位（　）
序　规格/部位
A
B
C
D
E
F
G
H
I
J
K
L
M
N
O
P
Q
R
配用辅料

客　户
厂　号
数量配比
总　计
制作图示：
唛头图示：
面里小样：

裁剪
缝制工艺
锁钉
整烫
包装

纸箱：内箱规格：
外箱规格：
正唛：
侧唛：

封样员　审核员　负责人　交货日期　年　月　日

图 8-32　某丝绸进出口公司样板设计中心生产工艺单

五、样品板单

样品板单模板见图 8-33。

款号__________　　客户__________　　公司__________
厂号__________　　款名__________　　交期__________

	部　位		规格	制版			成衣		
				自检	部检	备注	自检	部检	备注
1	Body Length HPS/CB	身长 肩顶/后中							
2	1/2 Body Width 1″ Below/ Armhole	半胸围 腋下 1″							
3	Shoulder Width	肩宽							
4	Shoulder Slope	肩斜							
5	Shoulder Pad Placement	垫肩位置							
6	Across Front 6″ HPS	前胸 肩顶下 6″							
7	Across Back 6″ HPS	后背 肩顶下 6″							
8	Waist 1/2 __ HPS	半腰围 肩顶下__							
9	Bottom Opening 1/2	半下摆							
10	Front Neck Drop	前领深							
11	Back Neck Drop	后领深							
12	Neck Width S/S E/E	领宽							
13	Minimun Neck stretch	最小拉领							
14	Collar/Trim Height	领高后中/领尖							
15	Collar LengLh	领长							
16	Sleeve Length Fr. Shoulder	袖长							
17	Sleeve Length CB	后中袖长							
18	Armhole Radan F/B	半袖窿 弯量							
19	Muscle 1″ Below Armhole	半袖肥腋下 1″							
20	Cuff opening E/E	半袖口							
21	Cuff/Hem Height	克夫高/贴边							
22	Placket L×W	门襟长×宽							
23	Pocket L×W	口袋长×宽							
24	Pocket Placement HPS/CF	袋位顶下/前中							
25									
26									
制单日期									
备注									

图 8-33　样品板单模板

六、工序流程及工价表

图 8-34 为工序流程及工价表模板。

工序号	工序名称	译名	机种	元/每打	工时定额	操作者
	裁法	裁剪		2.00		
一	前片					
1	嵌小件 三线嵌纽子牌 三线嵌袋衬	码小物 码纽门襟里 做袋衬	C 三线码边机	0.80		
2	平车拉袋衬 装前袋	单针做袋布 缟前袋	A 单针机	0.70		
3	双针缉前袋口 缉表袋口 装表袋	双针缉袋口 缉袋口明线 缟表袋	B 双针机	0.50		
4	平车落纽排上拉链	单针缟门襟里拉链	A 单针机	0.60		
5	双针运纽排	双针缟门襟明线	B 双针机	0.60		
6	平车落纽 2 排 装拉链　缝小裆	单针缟纽襻 装拉链含小裆	A 单针机	0.60		
7	五线嵌袋底 缉小裆	五线包袋底 缉裆	V 五线包缝机	0.30		
二	后片					
8	双针缉后袋口花线	双针缉后袋口明线、花线	B 双针机	0.60		
9	平车装后袋	单车明线缟后袋	A 单针机	1.20		
10	埋夹后机头二后裆	三针机缟后翘含后裆	M 埋夹机	1.20		
11（10）	五线嵌机头、后裆	五线包后翘	V 五线包缝机	0.55		
12（10）	双针运机头	双针缉后翘明线	B 双针机	0.50		
13（10）	平车缉机头中线	缉后翘中间明线	A 单针机	0.30		
三	合成					
14	埋夹肶骨	三线合裤线	M 埋夹机	1.20		
15（14）	五线银肶骨	五线车侧线	金线包缝机	0.60		
16（14）	双针缉肶骨	双针缉裤线	BSCY，针机	0.60		
17（14）	单针缉肶骨中线	单针缉裤线	A 单针机	0.30		
18	五线嵌底浪	五线包底裆线	V 五线机	0.65		
19	拉裤头	缟大腰	L 撸腰机	0.60		
20	平车封腰头	缉腰头	A 单针机	0.40		
21	封裤嘴	收裤脚	K 撸腰机	0.60		
22	制耳仔带、打结、 装耳仔	撸襻带、打枣、 钉裤环	撸襻机 打结机	1.30		
四	后道			3.50		
合计	1					

图 8-34　工序流程及工价表模板

七、生产进度日报表

图 8-35 为生产进度日报表模板。

年　　月　　日

序号	款　式	裁剪		缝一		缝二		洗水		整理		入库	
		当天	累计	当天	累计	当天	累计	当天	累计	当天	累计	当天	累计
说明：													

制表：　　　　　　　　　　审核：

图 8-35　生产进度日报表模板

八、服装成本核价单

图 8-36 为服装成本核价单模板。

	计量单位：			要货单位：		填写时间：
	产品名称：			任务书：		款号：
	项　目	单 位	单 价	用 量	金 额	说明：
主料						
	合　计					
辅料						
其他						小样：
包 装 小 计						
工缴总金额						
绣花总金额						
动　力　费						
上缴管理费						
税　　　金						
公司管理费						
中　耗　费						
运　输　费						
人 工 工 资						
工厂总成本						
出　厂　价						
批　发　价						
零　售　价						

制表：　　　　　　　　审核：　　　　　　　　复核：

图 8-36　服装成本核价单模板

九、新款封样单

图 8-37 为新款封样单模板。

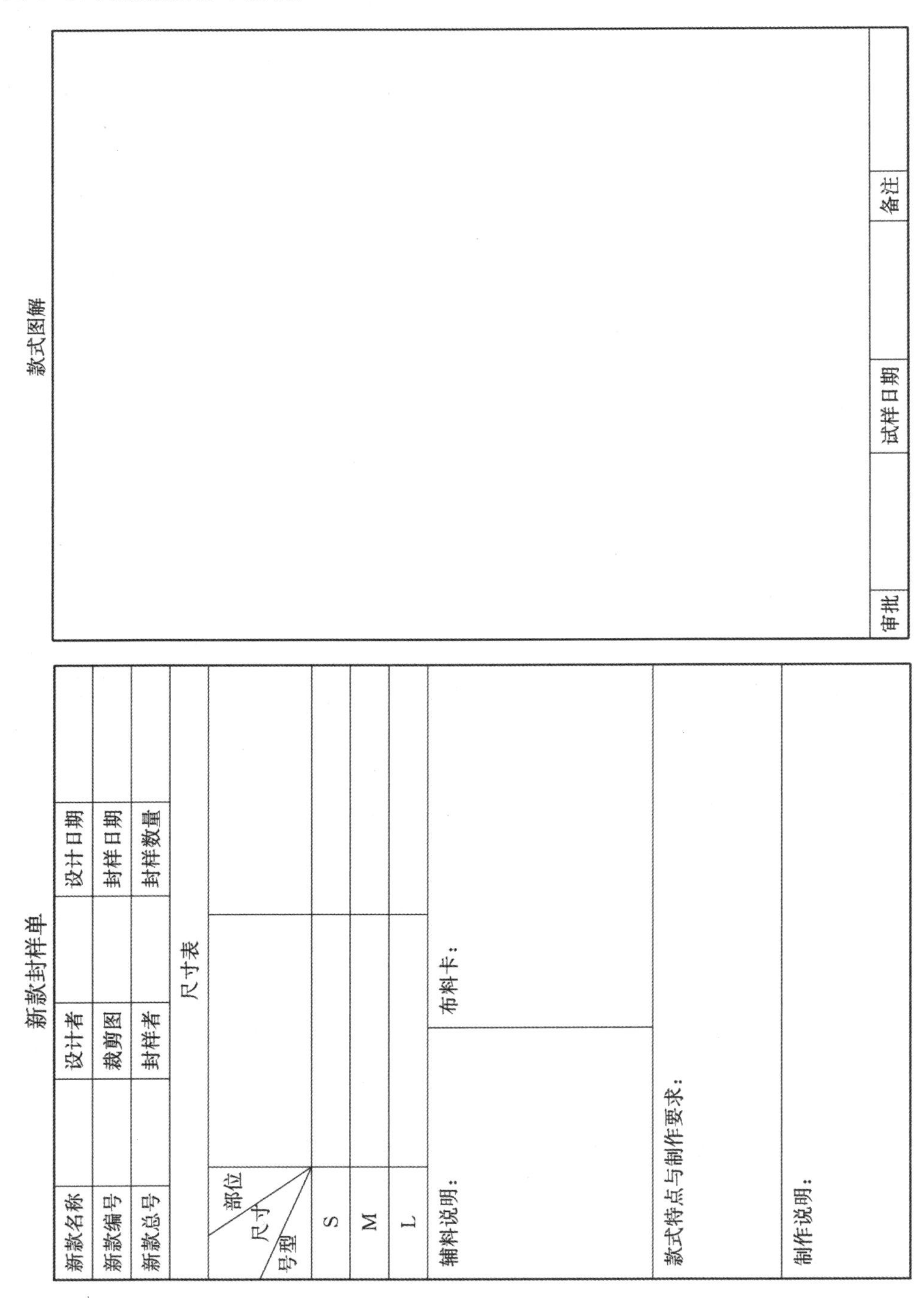
款式图解
审批
试样日期
备注

新款封样单

新款名称
设计者
设计日期
新款编号
裁剪图
封样日期
新款总号
封样者
封样数量

尺寸表

部位
尺寸
号型
S
M
L

辅料说明：
布料卡：
款式特点与制作要求：
制作说明：

图 8-37　新款封样单模板

第九章
服装典型款式设计图

服装典型款式设计图可以为学习服装结构设计提供多样的款式设计原型。前八章从服装行业的实际需求出发，以循序渐进的方式讲解了服装结构设计与基本制图方法，内容涵盖了设计基本准则、绘图方法、款式构成、面料表现、工艺技术等方面，目的是帮助服装专业的学生和对服装设计有兴趣的读者理解服装的款式构成及其结构特征，拓展设计思维，掌握更深层次的服装表现要领，从而提高服装设计的水平。

本章提供了丰富的服装典型款式设计图（图 9-1 ~ 图 9-27），既注重结合时下的服装流行趋势，又重视基本的形式法则和设计规律，为设计师学习和借鉴服装款式图提供了基础参考。

图 9-1　服装典型款式设计图 1（作者：吴艳）

图 9-2　服装典型款式设计图 2（作者：吴艳）

图 9-3　服装典型款式设计图 3（作者：吴艳）

图 9-4　服装典型款式设计图 4（作者：吴艳）

图 9-5　服装典型款式设计图 5（作者：吴艳）

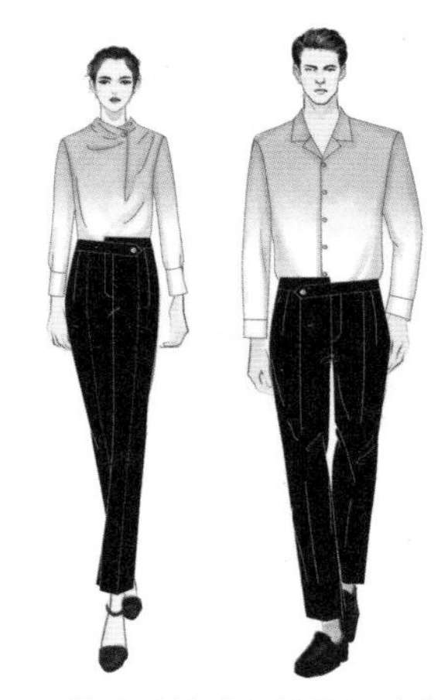

图 9-6　服装典型款式设计图 6（作者：吴艳）

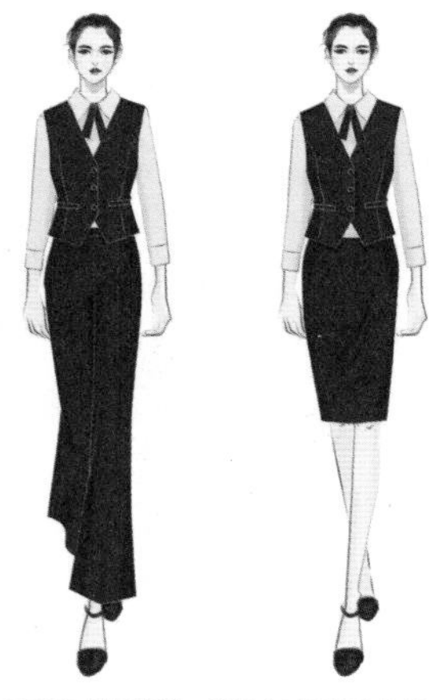

图 9-7　服装典型款式设计图 7（作者：吴艳）

图 9-8　服装典型款式设计图 8（作者：吴艳）

图 9-9　服装典型款式设计图 9（作者：吴艳）

图 9-10　服装典型款式设计图 10（作者：吴艳）

图 9-11　服装典型款式设计图 11（作者：吴艳）

图 9-12　服装典型款式设计图 12（作者：吴艳）

图 9-13　服装典型款式设计图 13（作者：吴艳）

图 9-14　服装典型款式设计图 14（作者：吴艳）

图 9-15　服装典型款式设计图 15（作者：吴艳）

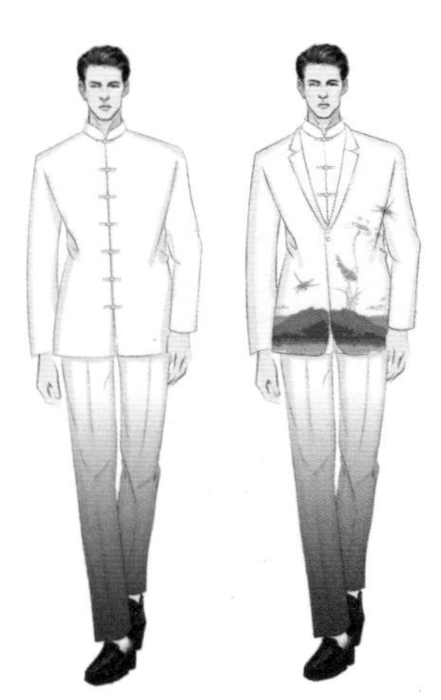

图 9-16　服装典型款式设计图 16（作者：吴艳）

图 9-17　服装典型款式设计图 17（作者：吴艳）

图 9-18　服装典型款式设计图 18（作者：吴艳）

图 9-19　服装典型款式设计图 19（作者：吴艳）

图 9-20　服装典型款式设计图 20（作者：吴艳）

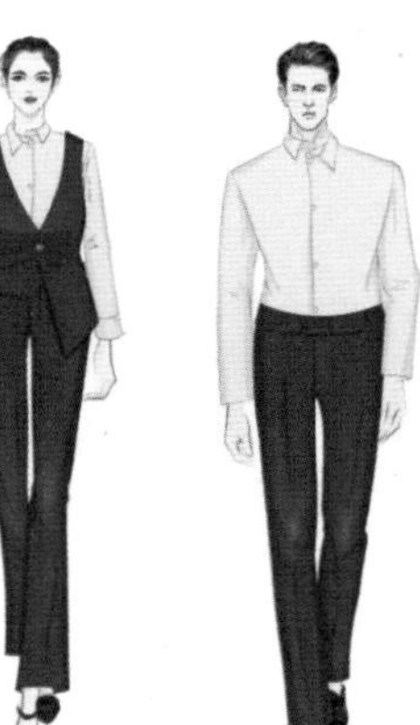
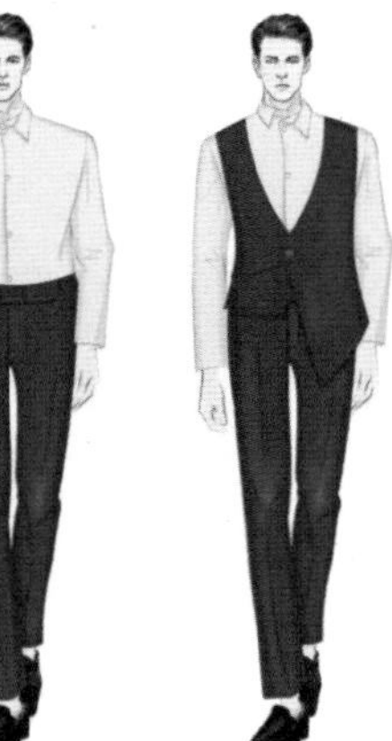
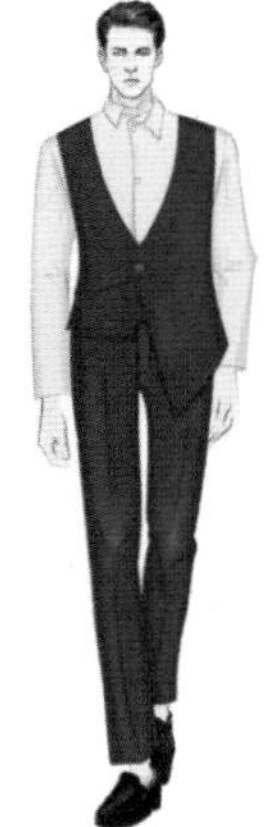

图 9-21　服装典型款式设计图 21（作者：吴艳）

图 9-22　服装典型款式设计图 22（作者：吴艳）

图 9-23　服装典型款式设计图 23（作者：吴艳）

图 9-24　服装典型款式设计图 24（作者：吴艳）

图 9-25　服装典型款式设计图 25（作者：吴艳）

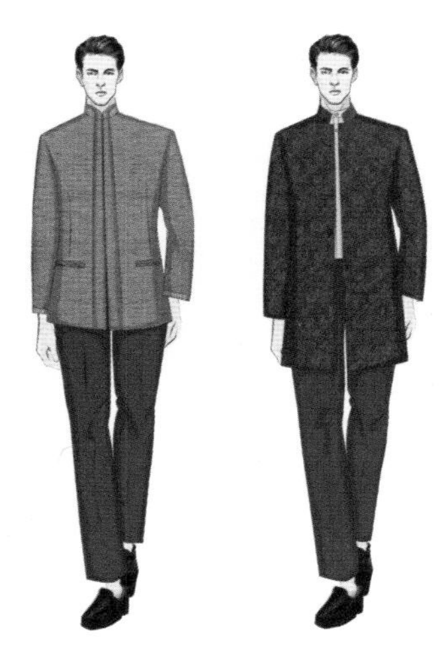

图 9-26　服装典型款式设计图 26（作者：吴艳）

图 9-27　服装典型款式设计图 27（作者：唐悦榕）

参考文献

[1] 李正，宋柳叶，严烨晖，陈颖 . 服装结构设计 [M].2 版 . 上海：东华大学出版社，2018.

[2] 张文斌 . 服装结构设计 [M]. 北京：中国纺织出版社，2006.

[3] 刘瑞璞 . 服装纸样设计原理与技术・女装篇 [M]. 北京：中国纺织出版社，2005.

[4] 刘瑞璞 . 服装纸样设计原理与技术・男装篇 [M]. 北京：中国纺织出版社，2008.

[5] 李正，唐甜甜，杨妍，徐倩蓝 . 服装工业制版 [M].3 版 . 上海：东华大学出版社，2018.

[6] 李正，徐崔春 . 服装学概论 [M]. 北京：中国纺织出版社，2014.

[7] 中泽愈 . 人体与服装 [M]. 袁观洛，译 . 北京：中国纺织出版社，2003.

[8] 欧阳骅 . 服装卫生学 [M]. 北京：人民军医出版社，1985.

[9] 日本人类工效学会人体测量编委会 . 人体测量手册 [M]. 奚振华，译 . 北京：中国标准出版社，1983.

[10] 吴汝康，吴新智，张振标 . 人体测量方法 [M]. 北京：科学出版社，1984.

[11] 国外服装标准翻译组 . 国外服装标准手册 [M]. 天津：天津科技翻译出版公司，1990.

[12] 国家技术监督局发布 . 中华人民共和国国家标准服装号型 [M]. 北京：中国标准出版社，1992.

[13] 张文斌 . 服装工艺学（结构设计分册）[M].3 版 . 北京：中国纺织出版社，2002.

[14] 吕学海 . 服装结构设计与技法 [M]. 北京：中国纺织出版社，1997.

[15] [日] 登丽美服装学院 . 登丽美时装造型・工艺设计——裙子・裤子 [M]. 袁观洛，等译 . 上海：东华大学出版社，2003.

[16] 苏石民，包昌法，李青 . 服装结构设计 [M]. 北京：中国纺织出版社，1999.

[17] 吴俊 . 女装结构设计与应用 [M]. 北京：中国纺织出版社，2000.

[18] 冯翼 . 服装技术手册 [M]. 上海：科学技术文献出版社，2005.

[19] 张文斌 . 服装部件设计丛书——典型领型 198[M]. 北京：中国纺织出版社，2000.

[20] 张文斌 . 服装部件设计丛书——典型袖型 178[M]. 北京：中国纺织出版社，2000.

[21] 严建云，郭东梅 . 服装结构设计与缝制工艺基础 [M].2 版 . 上海：东华大学出版社，2015.

[22] 杰弗莉等 . 服装缝制图解大全 [M]. 潘波等，译 . 北京：中国纺织出版社，1999.